Happy & Lovely

Happy & Lovely

Happy & Lovely
松山敦子の甜蜜復刻拼布

38 款幸福感手作包・波奇包・壁飾・布花圈・胸花手作典藏

Happy & Lovely

Message

「Happy&Lovely 快樂&可愛」是我在創作時永遠的主題。

在少女時代時期,總覺得電影及繪本世界裡,公主的禮服耀眼奪目,

所以特別喜歡蝴蝶結或蕾絲、鈕釦、閃閃發光的串珠,經常將它們以空瓶子或是餅乾盒收集。

偶爾拿出來看一看,僅是這樣,就不由得嘴角揚起笑容,幸福的感覺油然而生。

自進入拼布的世界開始算起,至今已經過了30年以上,

仍從未離開過可愛與漂亮的事物。

製作作品,並非是要華麗虛浮,我更加珍惜以可愛的顏色搭配組合。

希望拿到這本書的人看到內容會説:「哇!好可愛喔!」

這樣的輕聲呢喃及洋溢著微笑的笑臉,令人感染到「快樂」的氣氛,

我將會感到無比幸福。

松山敦子

Atsuko Matsuyama

Profile

松山敦子
Atsuko Matsuyama

出生於茨城縣。在拼布學校「ハーツ＆ハンズ」學習拼布。以復古又可愛的30年代復刻色彩布材，創作的搭配組合，不僅鮮豔亮麗又惹人憐愛的風格是她的最大特色。與有輪商店株式會社協力合作，親自經手的客製化印刷商品，在海外也非常受歡迎。經常致力於拼布展或雜誌發表作品，以經營自家教室、終身學習的教育推廣講師身份的活動十分活躍。

Contents

Pouch & Bag

波奇包&包包

將五顏六色活潑可愛的布材拼接組合製作而成的波奇包與包包。
只是拿著，就可以感受到開朗快樂的氣氛！

1

2

扁平波奇包

初學者也能開心上手的扁平波奇包。
隨時放入包包輕鬆收納，方便實用令
人愛不釋手。

how to make : 1　p.60
2　p.61

標籤也是一個設計重點！

存款簿、護照也可以放入。
超大拉鍊頭的拉片在使用上更加方便。

3

草莓荷葉邊波奇包

袋蓋貼布縫與荷葉邊蕾絲都是草莓
圖案,可愛感滿點的波奇包。是剛
剛好可以放進化妝小物的尺寸。

how to make : p.62

圓滾滾水果波奇包

櫻桃、草莓、蘋果……水果的酸
甜香氣芬芳四溢！適合裝入糖
果、小飾品。

how to make : p.8

4

6

5

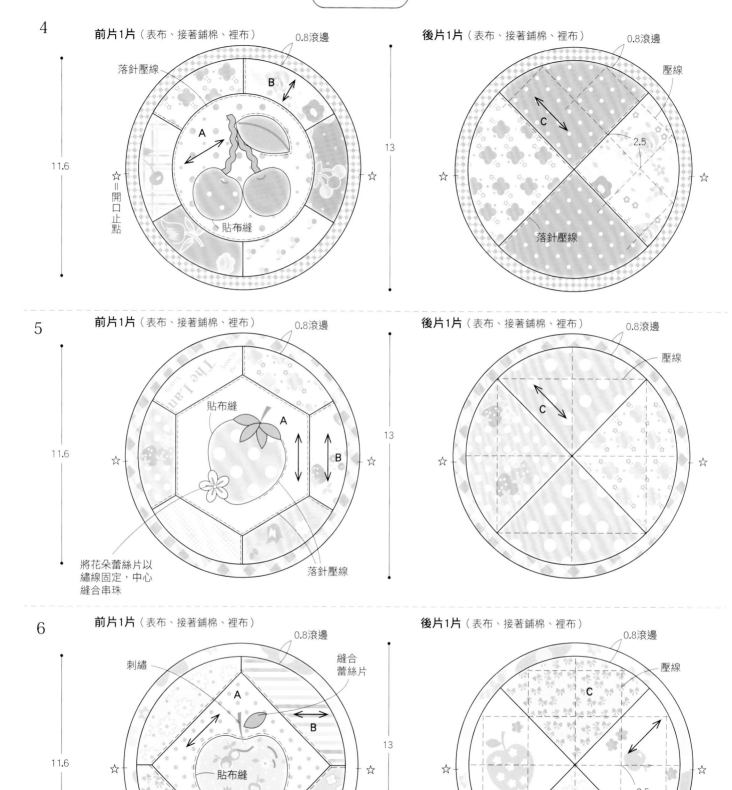

4
前片1片（表布、接著鋪棉、裡布）　0.8滾邊
落針壓線
B
A
11.6
☆＝開口止點
貼布縫

後片1片（表布、接著鋪棉、裡布）　0.8滾邊
壓線
C
2.5
13
落針壓線

5
前片1片（表布、接著鋪棉、裡布）　0.8滾邊
貼布縫
A
B
11.6
將花朵蕾絲片以繡線固定，中心縫合串珠
落針壓線

後片1片（表布、接著鋪棉、裡布）　0.8滾邊
壓線
C
13

6
前片1片（表布、接著鋪棉、裡布）　0.8滾邊
刺繡
縫合蕾絲片
A
B
11.6
貼布縫
落針壓線

後片1片（表布、接著鋪棉、裡布）　0.8滾邊
壓線
C
13
2.5

NO.4

[材料]

- 拼接布片（印花圖案10種）
  合計40cm×20cm
- 貼布縫用布 適量
- 裡布（印花）15cm×30cm
- 接著鋪棉 15cm×30cm
- 滾邊用斜布條 3.5cm寬 50cm×2條
- 水兵緞帶（0.8cm寬／綠色）10cm
- 拉鍊（20cm）1條（附帶飾片）
- 25號繡線（綠色）

NO.5

[材料]

- 拼接布片（印花圖案10種）
  合計40cm×20cm
- 貼布縫用布 適量
- 裡布（印花）15cm×30cm
- 接著鋪棉 15cm×30cm
- 滾邊用斜布條 3.5cm寬 50cm×2條
- 圖形蕾絲片A（綠葉形）2片
- 圖形蕾絲片B（白花形）1片
- 小圓串珠1個
- 拉鍊（20cm）1條（附帶飾片）
- 25號繡線（綠色）

NO.6

[材料]

- 拼接布片（印花圖案10種）
  合計40cm×20cm
- 貼布縫用布 適量
- 裡布（印花）15cm×30cm
- 接著鋪棉 15cm×30cm
- 滾邊用斜布條 3.5cm寬 50cm×2條
- 圖形蕾絲片（綠葉形）1片
- 拉鍊（20cm）1條（附帶飾片）
- 25號繡線（綠色・茶色）

NO.4 [作法]

1 進行貼布縫、拼接布片後，製作表布。
將接著鋪棉貼於表布，重疊裡布並壓線。
重疊斜布條後縫合。

2 包捲周圍進行藏針縫。

3 對齊2片袋布縫合脇邊。

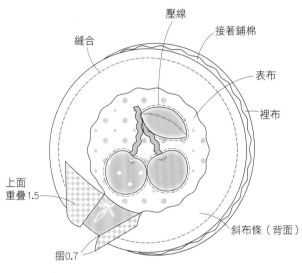

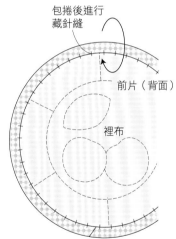

※後片也以相同方法製作

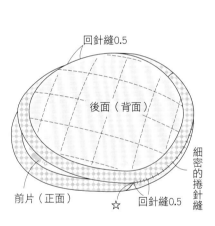

4 縫合固定拉鍊。

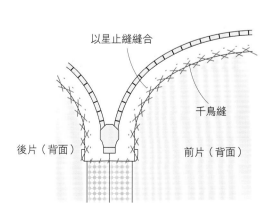

[完成]

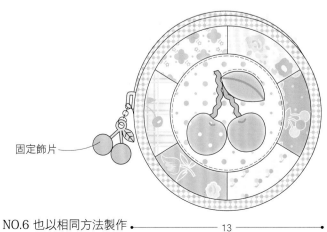

NO.5・NO.6 也以相同方法製作

7

YOYO球優雅精緻包

在清新風格的圓點與格子圖案布，
盛開YOYO球的花朵。是一款每天
都想帶出門，尺寸恰到好處的托特
包。

how to make : p.12

綻放YOYO球花朵的束口袋

埋沒在YOYO球花朵裡，輪廓飽滿
圓潤又可愛的束口袋。搭配考慮
花色平衡的過程也是箇中樂趣。

how to make : p.64

8

繩索飾珠以2個包釦組合代替。

原寸紙型 **A**面

[材料]
- A布（圓點）55cm×80cm
- B布（格子）45cm×60cm
- YOYO布 適量
- 裡布（印花）110cm×25cm
- 接著鋪棉 90cm×30cm
- 土台胚布（素色原色）110cm×25cm
- 水兵緞帶（1.5cm寬）70cm
- 磁釦（直徑1.5cm）1個

袋布2片

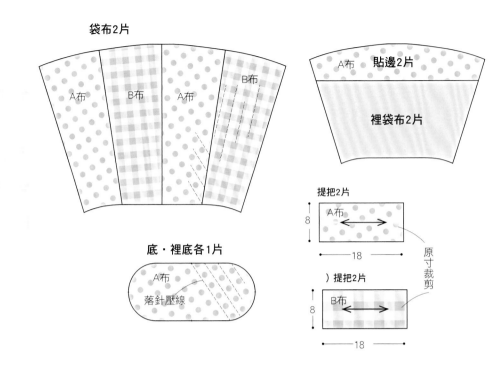

貼邊2片
A布
裡袋布2片

底・裡底各1片
A布
落針壓線

提把2片
A布
8
18
原寸裁剪

）提把2片
B布
8
18

[作法]

1 進行貼布縫，拼接布片後製作表布。
將接著鋪棉貼於表布，重疊土台胚布後壓線。
底部也進行壓線。

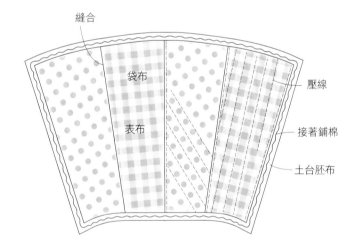

縫合
袋布
表布
壓線
接著鋪棉
土台胚布

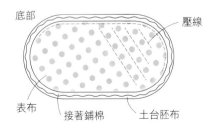

底部
壓線
表布
接著鋪棉
土台胚布

2 2片袋布對齊縫合脇邊。

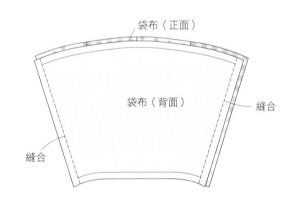

袋布（正面）
袋布（背面）
縫合
縫合

3 縫合袋布與底部。

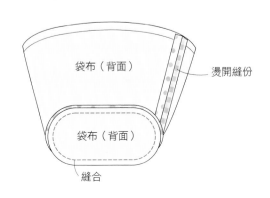

袋布（背面）
燙開縫份
袋布（背面）
縫合

4 拼接2款提把布後，摺疊並縫上水兵緞帶，縫合固定於袋布。

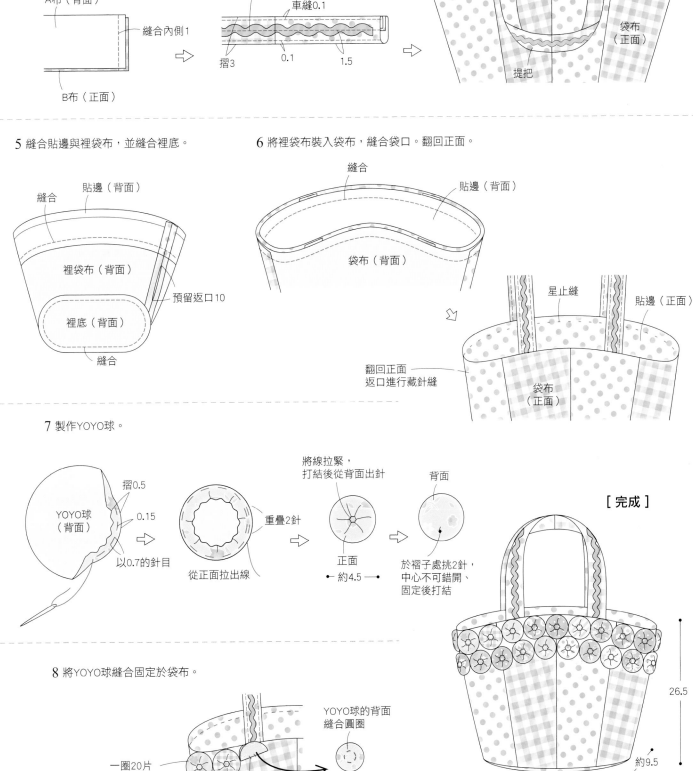

A布（背面）

縫合內側1

B布（正面）

於中心縫合固定水兵緞帶

車縫0.1

摺3　0.1　1.5

縫合縫份

袋布（正面）

提把

5 縫合貼邊與裡袋布，並縫合裡底。

縫合

貼邊（背面）

裡袋布（背面）

預留返口10

裡底（背面）

縫合

6 將裡袋布裝入袋布，縫合袋口。翻回正面。

縫合

貼邊（背面）

袋布（背面）

翻回正面
返口進行藏針縫

星止縫

貼邊（正面）

袋布（正面）

7 製作YOYO球。

YOYO球（背面）

摺0.5

0.15

以0.7的針目

從正面拉出線

重疊2針

將線拉緊，
打結後從背面出針

正面

←　約4.5　→

背面

於褶子處挑2針，
中心不可錯開、
固定後打結

[完成]

8 將YOYO球縫合固定於袋布。

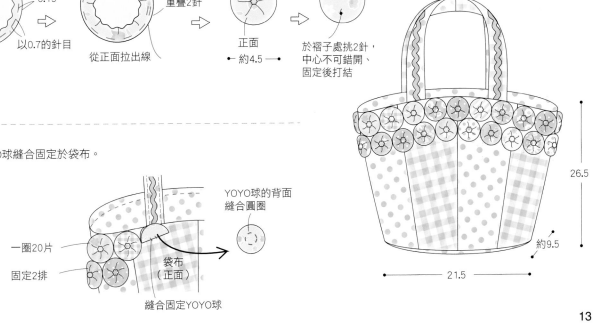

一圈20片

固定2排

袋布（正面）

縫合固定YOYO球

YOYO球的背面
縫合圓圈

26.5

約9.5

21.5

13

Pouch & Bag

波奇包&包包

9

花朵圓形包

沿著包包的輪廓，縫合色彩豐富的花朵貼布縫。編成麻花辮手感的提把也是設計重點之一。

how to make : p.16

[材料]
- 拼接布片 適量
- 表布（綾羅紋布原色）60cm×60cm
- 提把布（紅花圖案）10cm×40cm
- 裡布（印花圖案）55cm×50cm
- 接著鋪棉 55cm×50cm
- 土台胚布（素色原色）55cm×50cm
- 25號繡線（粉紅・紫色・綠色）

口布2片　摺山　摺雙

提把6片
（表布4片・紅花圖案4片）

袋布2片　裡袋布2片

中心

40

原寸裁剪

←4→

[作法]

1 進行貼布縫與刺繡後，貼上接著鋪棉，
與土台胚布重疊並壓線，製作袋布。

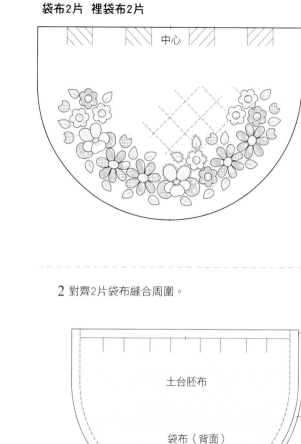

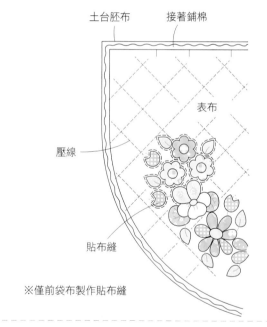

土台胚布　接著鋪棉

表布

壓線

貼布縫

※僅前袋布製作貼布縫

2 對齊2片袋布縫合周圍。

土台胚布
袋布（背面）
袋布（正面）
縫合

3 摺疊袋布的褶子並縫合。

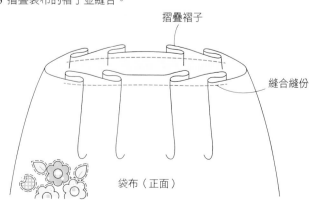

摺疊褶子
縫合縫份
袋布（正面）

4 縫合裡袋布的周圍，縫合褶子。

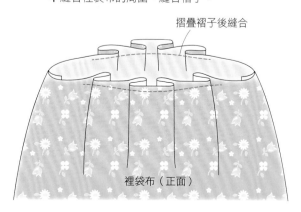

摺疊褶子後縫合
裡袋布（正面）

5 縫合提把，編成麻花辮。

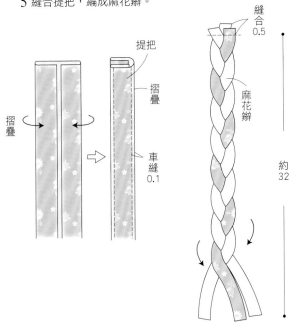

提把
摺疊
摺疊
車縫 0.1

縫合 0.5
麻花辮
約 32

6 將提把縫合固定於袋布。

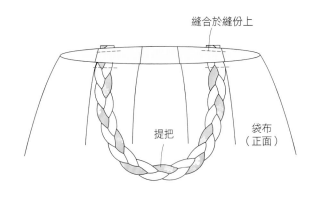

縫合於縫份上
提把
袋布（正面）

7 縫合口布。

縫合
口布（背面）

8 裡袋布裝入袋布中，將口布重疊縫合袋口。

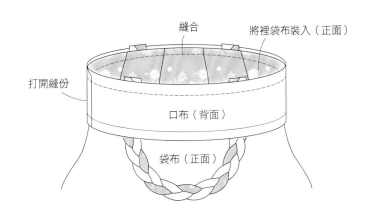

縫合
將裡袋布裝入（正面）
打開縫份
口布（背面）
袋布（正面）

9 摺疊口布進行藏針縫。

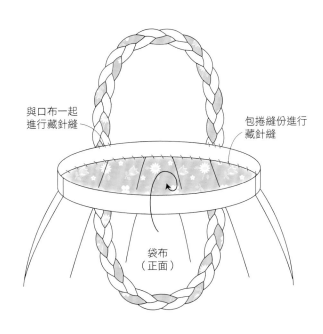

與口布一起進行藏針縫
包捲縫份進行藏針縫
袋布（正面）

[完成]

27

36

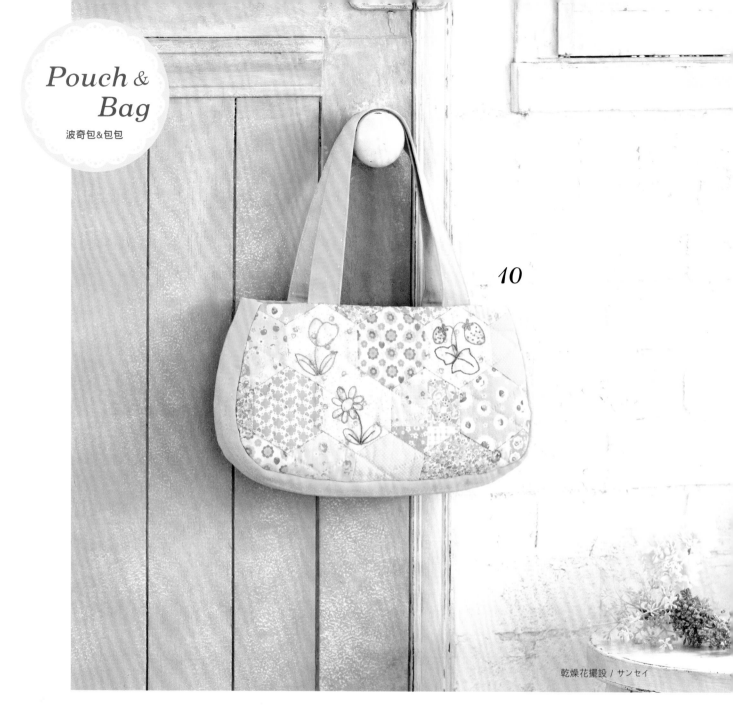

10

乾燥花擺設 / サンセイ

暖色系六角形包

匯集成甜美色調的六角形包。在部分
布片的角落加入小花刺繡,並將提把
設計成為可以肩背的長度。

how to make : p.20

六角形波奇包

變化六角形其中一邊的長度，製
作大・中・小三個尺寸的波奇
包。色彩繽紛的組合，讓心情更
加開朗愉悅。

how to make : p.66

11

12

13

於袋蓋添加蓬鬆的蝴蝶結。

19

原寸紙型 A面

側身1片

[材料]
- 拼接布片（印花）適量
- 表布 （綾羅紋布粉紅色）40cm×70cm
- 裡布（印花圖案）50cm×70cm
- 接著鋪棉 50cm×70cm
- 土台胚布（素色原色）50cm×70cm
- 25號繡線（粉紅色・淡粉紅色・黃綠色・
  綠色・黃色・淡藍色・淡紫色）

前袋布1片

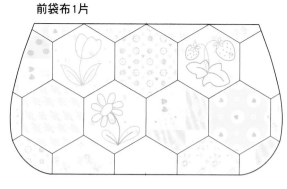

摺雙

後袋布1片

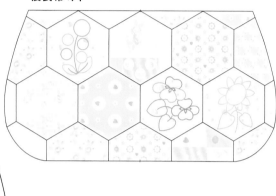

側身貼邊2片

裡側身1片

摺雙

貼邊2片

裡袋布2片

提把2片
（表布）

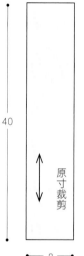

40

原寸裁剪

8

[作法]

1 進行刺繡並拼接布片，製作袋布的表布。

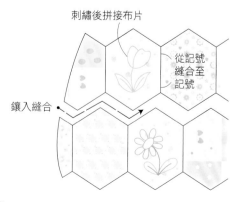

刺繡後拼接布片

從記號
縫合至
記號

鑲入縫合

2 將接著鋪棉貼於表布，疊上土台胚布並壓線。
　側身也依相同作法壓線。

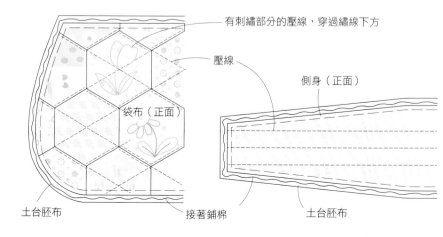

有刺繡部分的壓線，穿過繡線下方

壓線

側身（正面）

袋布（正面）

土台胚布　　接著鋪棉　　土台胚布

3 縫合袋布與側身。

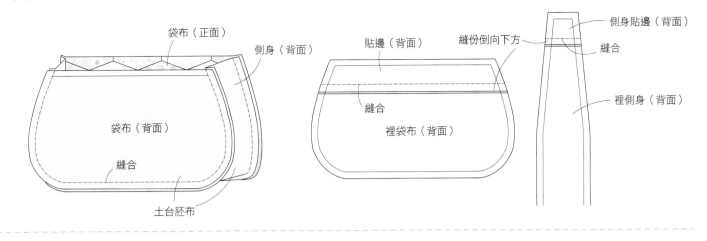

4 裡袋布與貼邊縫合。裡側身亦與側身貼邊縫合。

袋布（正面）
側身（背面）
袋布（背面）
縫合
土台胚布

貼邊（背面）
縫份倒向下方
側身貼邊（背面）
縫合
縫合
裡袋布（背面）
裡側身（背面）

5 縫合裡袋布與裡貼邊。

6 製作提把。將提把縫合固定於袋布。

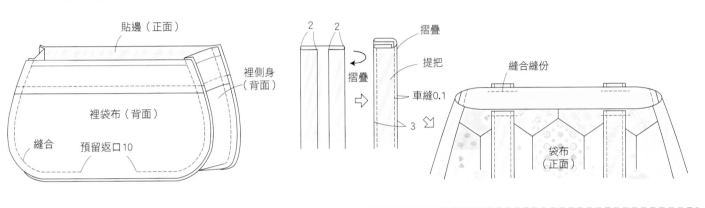

貼邊（正面）
裡側身（背面）
裡袋布（背面）
縫合
預留返口10

2 2
摺疊
摺疊
摺疊
提把
車縫0.1
3

縫合縫份
袋布（正面）

7 將裡袋布裝入袋布內，縫合袋口。

[完成]

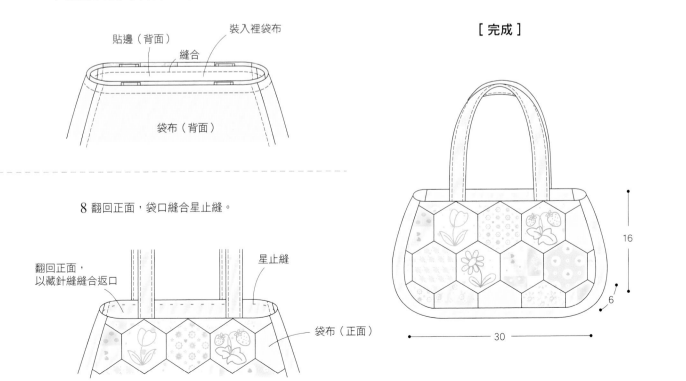

貼邊（背面）
裝入裡袋布
縫合
袋布（背面）

8 翻回正面，袋口縫合星止縫。

翻回正面，
以藏針縫縫合返口
星止縫
袋布（正面）

16
6
30

Pouch & Bag
波奇包&包包

14

橫長形口金包

以薰衣草色展現成熟嫵媚的氣氛。因為是大容量尺寸，可以當成化妝包，也可以當成迷你包使用。

how to make : p.76

裡布的選擇也非常講究。

22

15

蓬鬆口金包

連接長方形的布片，製成蓬鬆圓潤的
口金包。以4種壓線繡法與串珠裝飾，
是只有手作才能享受的細致手感。

how to make : p.24

原寸紙型 A面

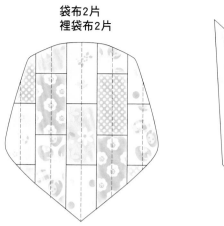

袋布2片
裡袋布2片

側身2片
裡側身2片

表布

[材料]

- 拼接布片（印花6種）適量
- 表布（印花圖案）20cm×20cm
- 裡布（印花圖案）35cm×35cm
- 接著鋪棉（薄型）20cm×45cm
- 土台胚布（素色原色）35cm×35cm
- 25號繡線（淡粉色・粉紅色）
- 8號繡線（漸層）
- 小圓串珠（紅色）適量
- 蕾絲（1cm寬）40cm
- 口金（寬12cm×高6cm / 不包含釦頭）1個

[作法]

1 拼接布片，貼上接著鋪棉，與土台胚布重疊並壓線，製作袋布，
　完成刺繡後縫合串珠。

2 側身也依相同作法壓線。

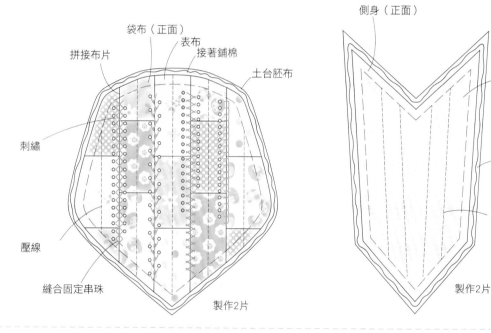

拼接布片
袋布（正面）
表布
接著鋪棉
土台胚布
刺繡
壓線
縫合固定串珠
製作2片

側身（正面）
貼接著鋪棉的表布
土台胚布
壓線
製作2片

3 縫合袋布與側身。

4 將2組對齊縫合。

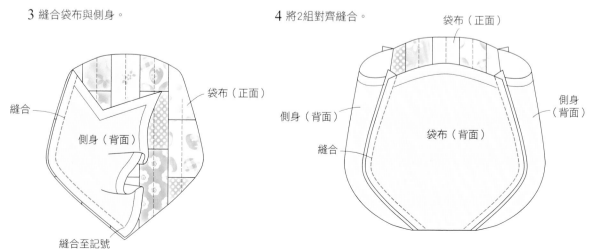

縫合
側身（背面）
袋布（正面）
縫合至記號

袋布（正面）
側身（背面）
側身（背面）
袋布（背面）
縫合

5 縫合裡袋布與裡側身。

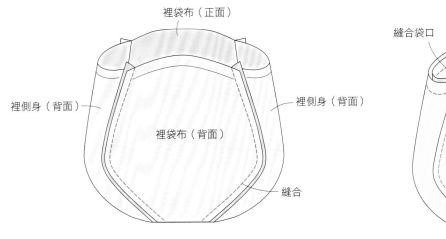

裡袋布（正面）

裡側身（背面）

裡側身（背面）

裡袋布（背面）

縫合

6 將裡袋布裝入袋布內，縫合袋口。

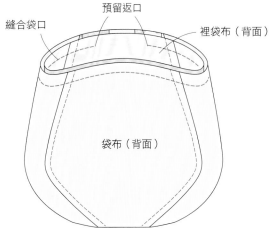

預留返口

縫合袋口

裡袋布（背面）

袋布（背面）

7 翻回正面。

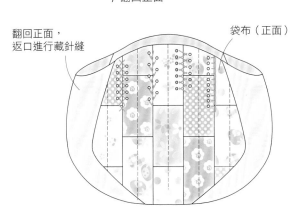

翻回正面，
返口進行藏針縫

袋布（正面）

8 將袋布塞入口金後疏縫。

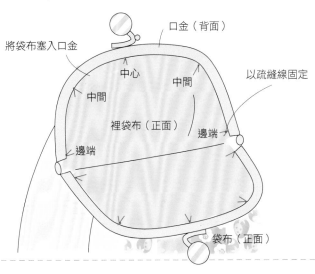

口金（背面）

將袋布塞入口金

中心

中間

中間

以疏縫線固定

裡袋布（正面）

邊端

邊端

袋布（正面）

9 將袋布縫合固定。於縫線上貼上蕾絲。

口金（正面）

[完成]

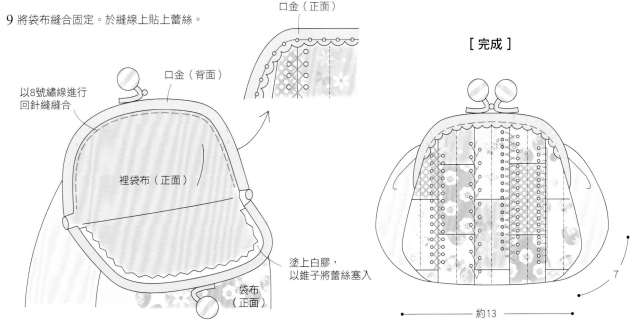

口金（背面）

以8號繡線進行
回針縫縫合

裡袋布（正面）

塗上白膠，
以錐子將蕾絲塞入

袋布
（正面）

7

約13

Pouch &
Bag
波奇包&包包

16

小洋裝造型手機波奇包

鑽石的版型映照出色彩繽紛又可愛的
造型包！提把附有龍蝦夾，可以簡單
取下。

how to make : p.28

可愛的平領造型，充滿童心的設計。適合搭配牛仔褲、輕便服裝的穿搭也非常出色。

how to make : p.68

17

18

原寸紙型 **A** 面

[材料]

- 拼接布片（印花圖案11種） 適量
- 衣領、腰帶布（白花圖案）15cm×8cm
- 表布 （粉紅圓點圖案）30cm×35cm
- 裡布（印花圖案）40cm×20cm
- 接著鋪棉 40cm×20cm

- 土台胚布（素色原色）40cm×20cm
- D形環（內徑1cm）2個
- 龍蝦夾（長3.5cm）2個
- 鈕釦（直徑1.2cm）1個

吊耳2片
（表布）

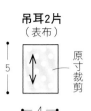

5

原寸裁剪

← 4 →

前袋布1片　　　　　　　　　　後袋布1片

提把1片
（表布）

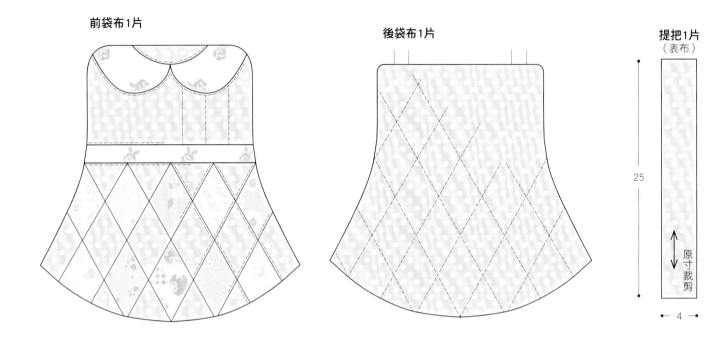

25

原寸裁剪

← 4 →

[作法]

1 拼接布片，進行貼布縫後貼上接著鋪棉，
與土台胚布重疊並壓線，製作前袋布。

2 袋布與裡布對齊縫合周圍。

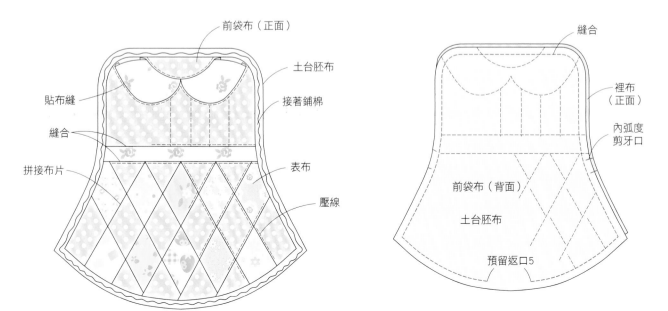

前袋布（正面）

土台胚布

接著鋪棉

貼布縫

縫合

拼接布片

表布

壓線

縫合

裡布
（正面）

內弧度
剪牙口

前袋布（背面）

土台胚布

預留返口5

3 翻回正面。

4 後袋布的表布貼合接著鋪棉，與土台胚布重疊後壓線，
製作吊耳後夾住，縫合後袋布與裡布，翻回正面。

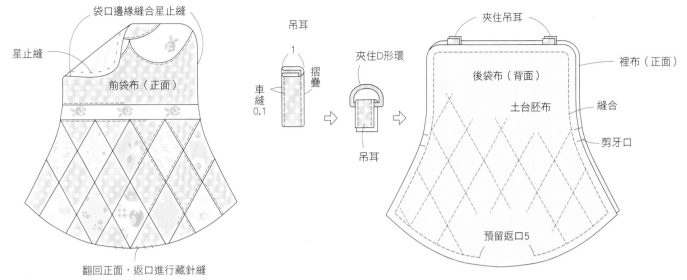

袋口邊緣縫合星止縫

星止縫

前袋布（正面）

翻回正面，返口進行藏針縫

吊耳

1

車縫
0.1

摺疊

夾住D形環

吊耳

夾住吊耳

後袋布（背面）

土台胚布

裡布（正面）

縫合

剪牙口

預留返口5

翻回正面，
返口進行藏針縫

後袋布（正面）

5 前袋布與後袋布對齊縫合。

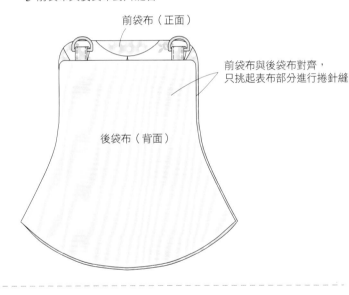

前袋布（正面）

前袋布與後袋布對齊，
只挑起表布部分進行捲針縫

後袋布（背面）

6 製作提把。

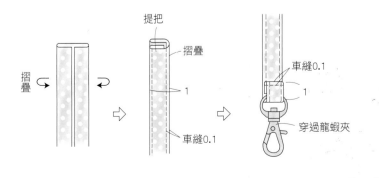

摺疊

提把

摺疊

1

車縫0.1

車縫0.1

1

穿過龍蝦夾

[完成]

將鈕釦縫合
固定於中心

18

18

19

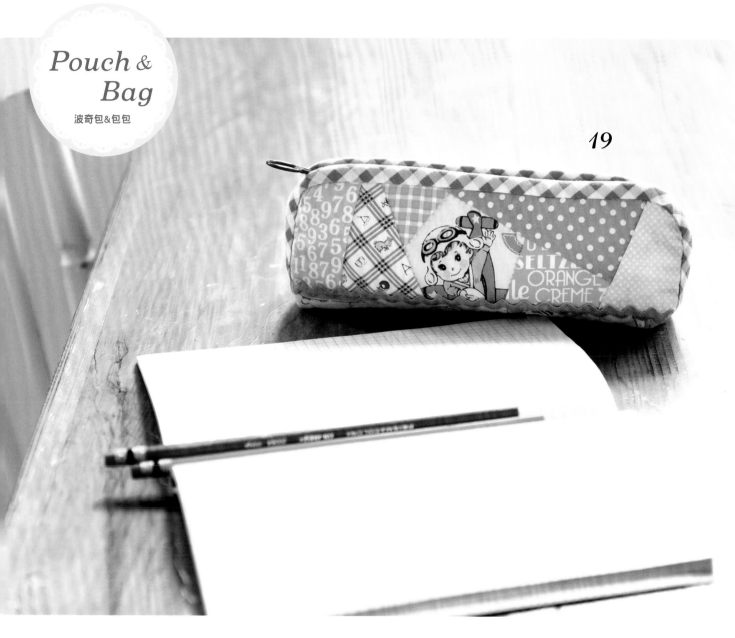

瘋狂拼布鉛筆盒

隨性任意拼接的「瘋狂拼布」。以卡通人
物圖案為重點,集合清新的藍色系布片。
簡單的滾邊後再縫合拉鍊,新手也可以很
容易上手。

how to make : p.32

瘋狂拼布波奇包

瘋狂拼布的中心放上重點聚焦圖
案，匯集甜美色系於一身的波奇
包。拉鍊拉頭的飾片花朵為可愛感
更加分。

how to make : p.33

20

[材料]
・拼接布片（印花圖案）適量
・底布（印花圖案）25cm×8cm
・裡布（印花圖案）20cm×25cm
・接著鋪棉 20cm×25cm
・滾邊用斜紋布條3.5cm×75cm
・水兵緞帶（1cm寬）50cm
・拉鍊（20cm）1條

原寸紙型 **A** 面

袋布1片

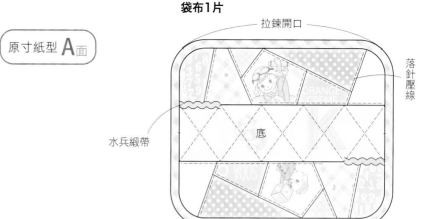

拉鍊開口

落針壓線

水兵緞帶

底

[作法]

1 拼接布片製作表布，貼上接著鋪棉，
　與裡布重疊並壓線，製作袋布。

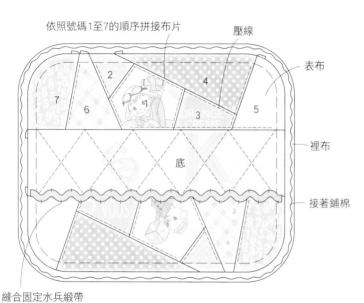

依照號碼1至7的順序拼接布片

壓線

表布

裡布

接著鋪棉

底

縫合固定水兵緞帶

2 袋布的周圍以斜紋布條滾邊處理。

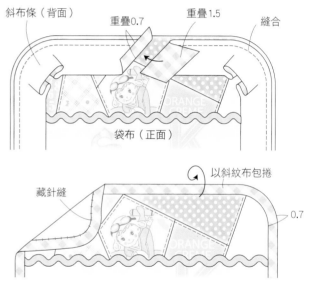

斜布條（背面）

重疊0.7

重疊1.5

縫合

袋布（正面）

藏針縫

以斜紋布包捲

0.7

3 縫合袋布的脇邊，縫合側身。

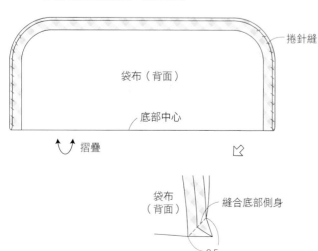

捲針縫

袋布（背面）

底部中心

摺疊

袋布
（背面）

縫合底部側身

2.5

4 縫合固定拉鍊。

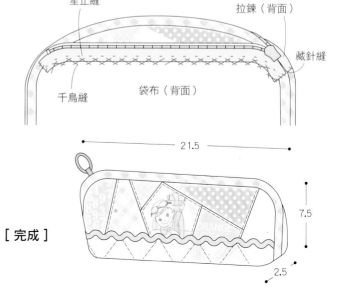

星止縫

拉鍊（背面）

藏針縫

千鳥縫

袋布（背面）

[完成]

21.5

7.5

2.5

袋布1片

[材料]
· 拼接布片（印花圖案7種）適量
· 底布（印花圖案）25cm×8cm
· 裡布（印花圖案）30cm×35cm
· 接著鋪棉 30cm×35cm
· 滾邊用斜紋布條3.5cm寬25cm×2條
· 蕾絲（1cm寬）60cm
· 拉鍊（20cm）1條（附帶飾片）

原寸紙型 **A**面

拉鍊開口

蕾絲

落針壓線

底

[作法]

1　依照號碼1至7的順序拼接布片，將蕾絲進行藏針縫，
　　與底部縫合，貼上接著鋪棉，與裡布重疊並壓線，製
　　作袋布，袋口以滾邊條處理。

依照號碼1至7的順序拼接布片

壓線

表布

接著鋪棉

裡布

蕾絲

縫合

底部

藏針縫

以斜紋布滾邊

2 縫合袋布的脇邊，縫合底部側身。

剪0.7

袋布（背面）

縫合　　　　　　　　縫合

以裡布剪橫紋布條
包捲後進行藏針縫

袋布（背面）

縫合底部側身

6

3 縫合固定拉鍊。

縫合固定拉鍊
（參考P.32）

[完成]

— 21 —

13

6

33

Quilt

壁飾

装飾房間的拼布，是可以十分享受色彩組合樂趣的家飾用品。

使房間瞬間變得華麗又明亮，可愛的設計令人雀躍不已！

Cross Flower
（十字圖形花朵）

以一枚一枚布片組合延伸的圖
案。顏色與花樣的不同，可以
當成十字架也可以當成花朵。
瀰漫著繽紛色彩的世界，就是
這麼有魅力！飾緣邊框搭配花
朵的貼布縫更是美不勝收！

how to make : p.36

21

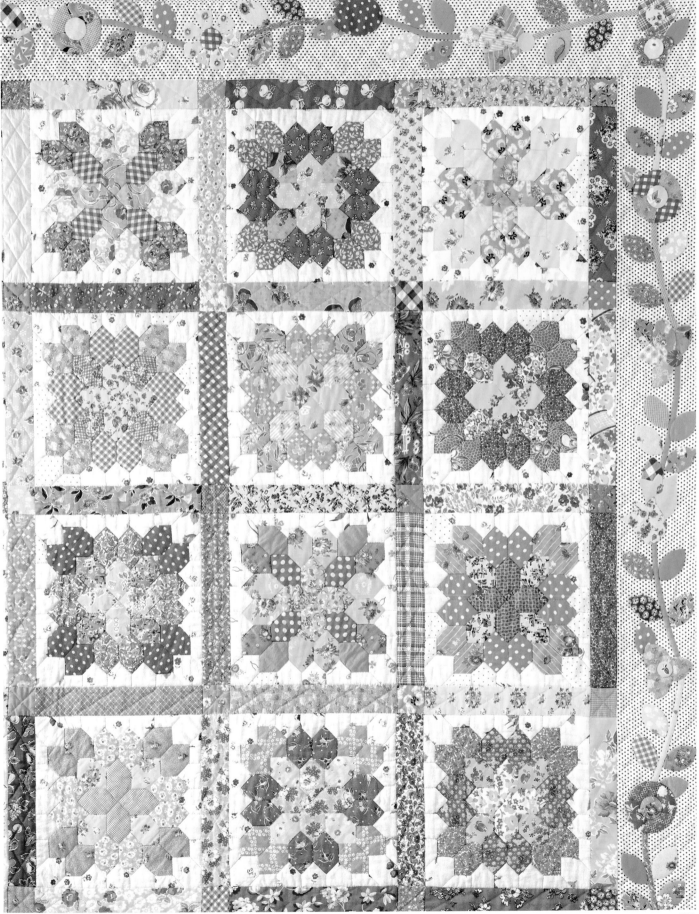

原寸紙型 B面

[材料]
- 拼接布片（印花圖案）適量
- 貼布縫 適量
- 飾緣邊框布（印花圖案）80cm×185cm
- 裡布（印花圖案）110cm×370cm
- 鋪棉 120cm×370cm
- 滾邊用斜紋布條（印花圖案）3.5cm×730cm

※縫合接連鋪棉、土台胚布至185cm寬。

※飾緣邊框的貼布縫，請參考圖片將花朵均衡配置。

[作法]

1 縫合拼接16片圖案布。

2 縫合拼接圖案布與格子布，與飾緣邊框縫合製成表布。

3 進行貼布縫。

4 表布與鋪棉、土台胚布重疊後壓線。

5 周圍以滾邊處理。

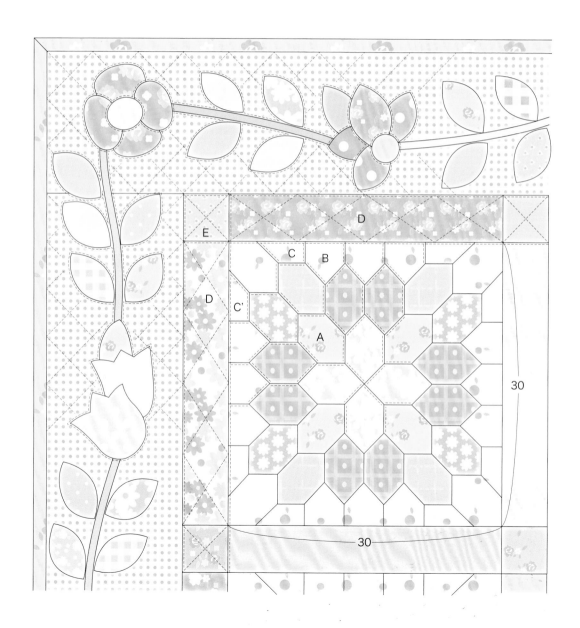

滾邊0.8

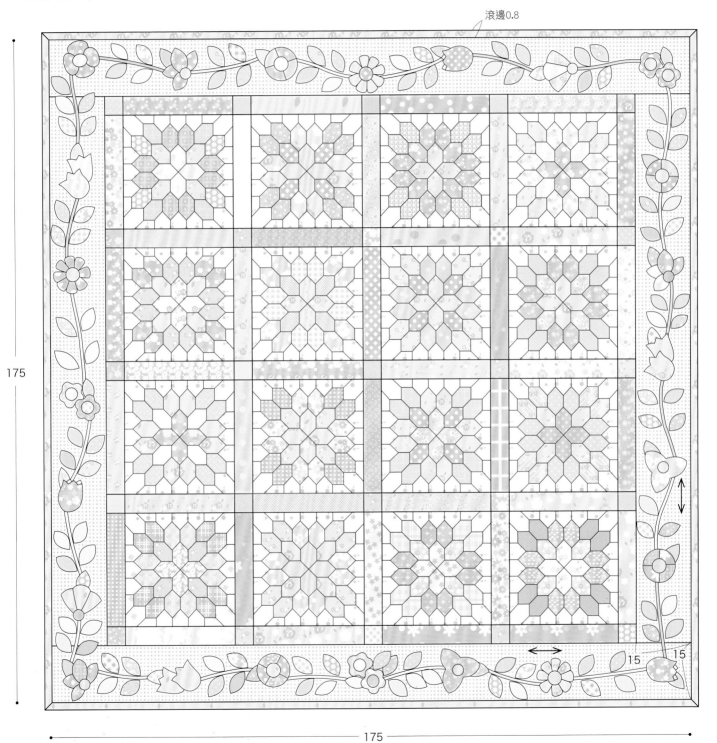

175

175

15

15

Quilt

22

洋裝版型壁飾

排列方格圖案，以拼接的方式組合成多彩多姿的禮服圖案。格子的邊框與飾緣邊框以紅色襯托更具效果，可愛感的印象深植人心。

how to make : p.40

原寸紙型 B面

[材料]

- 拼接布片A‧B布（深色印花圖案9種）各15cm×20cm
- 拼接布片DD'‧C布（深色印花圖案9種）各10cm×10cm
- 拼接布片背景布（淡色印花圖案9種）各25cm×20cm
- 拼接布片J‧細飾緣邊框布（紅色印花圖案）各65cm×35cm
- 拼接布片K布（印花圖案）適量
- 貼布縫用布 適量
- 飾緣邊框布（白色圓點）55cm×75cm
- 裡布（印花圖案）80cm×80cm
- 鋪棉 80cm×80cm
- 滾邊用斜紋布條（3.5cm寬）310cm
- 鈕釦、飾片等的小飾品9個

[作法]

1 縫合製作9片圖案布。

2 縫合拼接圖案布與格子布，與飾緣邊框縫合製成表布。

3 進行貼布縫。

4 表布與鋪棉、裡布重疊後壓線。

5 周圍以滾邊處理。縫合固定飾片。

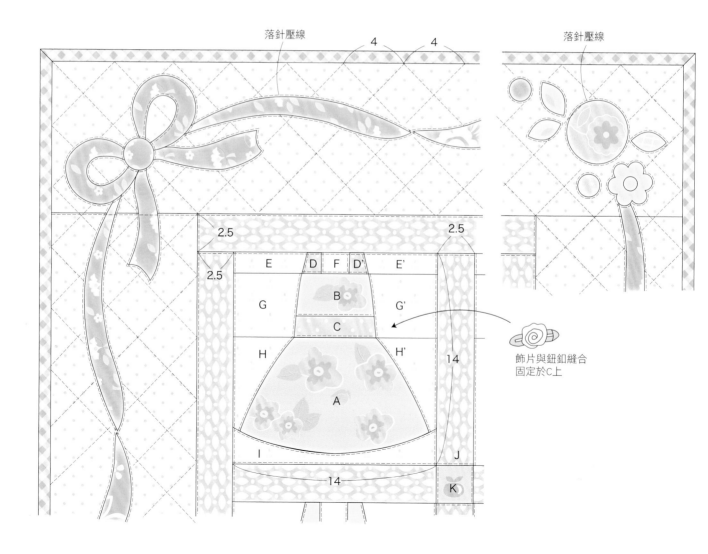

落針壓線　4　4　落針壓線

2.5　2.5

| E | D | F | D' | E' |

G　　B　　G'

C

H　　　H'

飾片與鈕釦縫合
固定於C上

14

A

I　　　　J

14　　　K

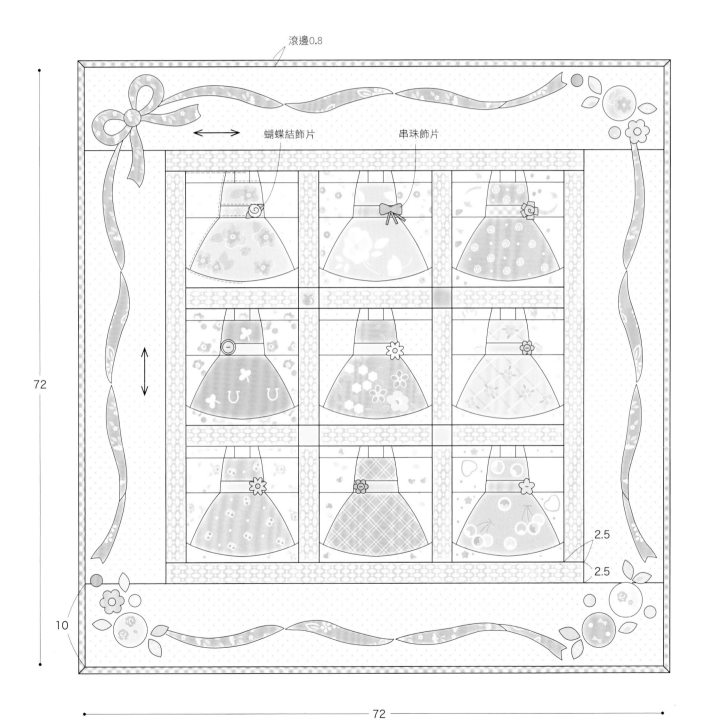

滾邊0.8

蝴蝶結飾片　　　　串珠飾片

72

2.5

2.5

10

72

Quilt

壁飾

小蘇迷你壁飾

拼布界永遠的偶像「戴著大遮陽帽的蘇」。以散步在草莓田的印象，製成迷你拼布畫。飾緣邊框作成扇貝形是設計的重點。

how to make : p.44

23

24

蘇姑娘迷你壁飾

將蘇姑娘精彩的日常生活製作成迷你壁飾。帽子與洋裝的布料選擇，是可以享受箇中樂趣的圖案。療癒系的薄荷綠飾緣邊框，搭配花圈進行貼布縫。

how to make : p.45

原寸紙型 **B**面

[材料]
- 貼布縫土台布（白色印花圖案）18cm×18cm
- 飾緣邊框布（粉紅色印花圖案）30cm×35cm
- 貼布縫用布 適量
- 裡布（粉紅圓點）35cm×35cm
- 接著鋪棉 35cm×35cm
- 水兵緞帶（1cm寬）8cm
- 蕾絲（1cm寬）70cm
- 鈕釦（直徑0.7cm）4個

表布・接著鋪棉

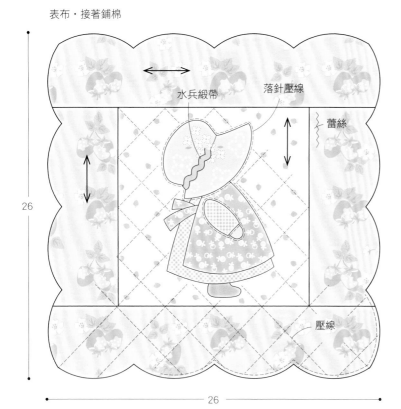

水兵緞帶　　落針壓線

蕾絲

26

26

壓線

裡布

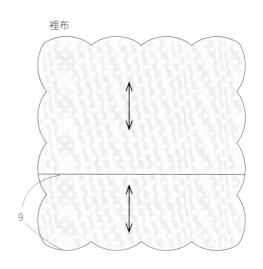

9

[作法]

1 製作貼布縫圖案後與飾緣邊框布縫合，製成表布。

2 表布貼上接著鋪棉，與縫好交換開口的裡布對齊縫合周圍。

3 翻回正面進行壓線，周圍縫合星止點。

4 縫合固定蕾絲與鈕釦。

帽子上縫合水兵緞帶後進行貼布縫

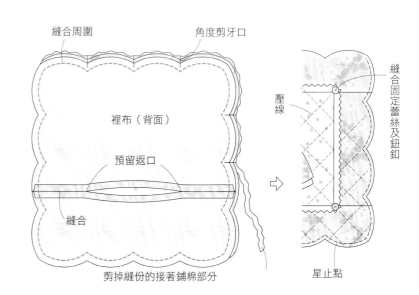

縫合周圍　　　　　角度剪牙口

裡布（背面）

預留返口

縫合

壓線

縫合固定蕾絲及鈕釦

星止點

剪掉縫份的接著鋪棉部分

P.43 NO.24　蘇姑娘迷你壁飾

原寸紙型 B面

[材料]
・貼布縫用布（印花圖案2種）各35cm×20cm
・拼接布片（印花圖案）適量
・貼布縫用布 適量
・飾緣邊框布（綠色圓點）50cm×55cm
・裡布（印花圖案）55cm×50cm
・鋪棉55cm×55cm
・滾邊用斜紋布條（3.5cm寬）220cm
・水兵緞帶（0.7cm寬）150cm
・25號繡線（黃綠色・綠色・青色・粉紅色・茶色・黃色・紅色）

[作法]
1 完成貼布縫與刺繡的圖案布，共製作4片。

2 於飾緣邊框縫合固定水兵緞帶，製作貼布縫。

3 縫合圖案與格子布，與飾緣邊框縫合，製成表布。

4 表布與鋪棉、裡布重疊後壓線。

5 周圍以滾邊處理。

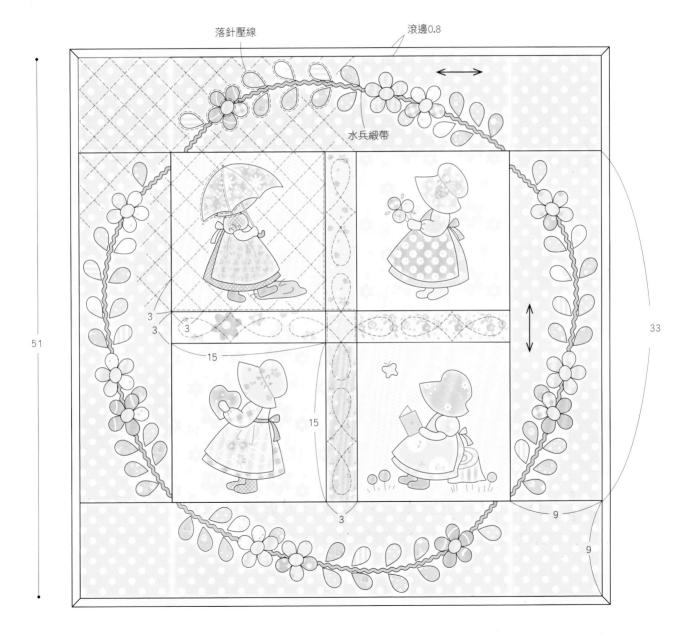

45

蘇姑娘橫長形壁飾

擁有溫和色調及展現可愛感的蘇姑娘
壁飾。以刺繡完成的蘇姑娘圖案與拼
布風格的印花圖案布搭配組合而成，
能快速又俐落的完成也是此作品的魅
力之一。

how to make : p.48

26

蘇姑娘迷你抱枕

只是放在房間的角落而已，就非常
具有療癒效果的迷你抱枕。與No.25
成一組的刺繡圖案，被花朵飾緣邊
框包圍著，加上綠色水兵緞帶更醒
目。

how to make : p.49

原寸紙型 **B** 面

[材料]
- 拼接布片（繡有蘇姑娘圖案）4片
- 表布（印花圖案）70cm×60cm
- 裡布（印花圖案）70cm×60cm
- 鋪棉70cm寬60cm
- 滾邊用斜紋布條（3.5cm寬）260cm
- 水兵緞帶（0.7cm寬）280cm
- 圖形蕾絲（直徑4cm）4片

※本作品使用完成蘇姑娘刺繡的成品。手工刺繡時，
　請參考紙型B面的圖案，以25號繡線1至2股線進行刺繡。

[作法]

1 刺繡的圖案布製作4片。

2 格子布與飾緣邊框縫合固定。

3 將水兵緞帶縫合固定於飾緣邊框，製成表布。

4 表布與鋪棉、裡布重疊後進行壓線。

5 周圍以滾邊處理。縫合固定圖形蕾絲。

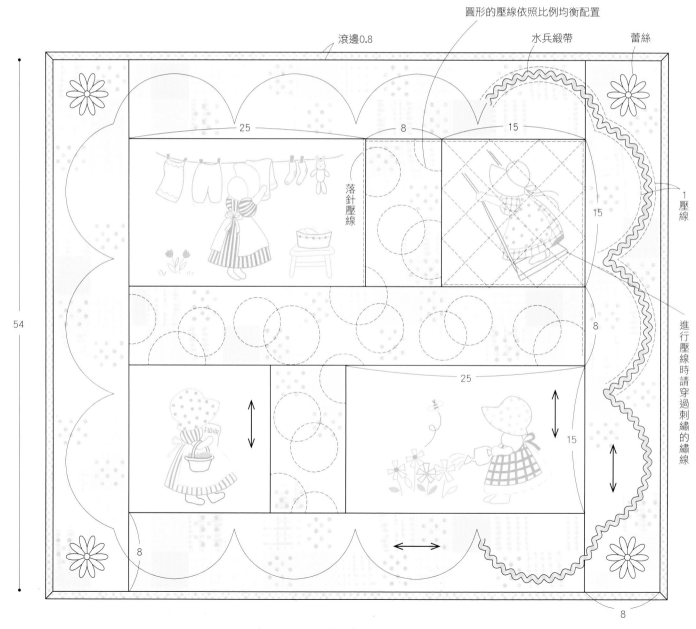

48

原寸紙型 **B**面

[材料]
・中央布（繡有蘇姑娘圖案）1片
・飾緣邊框布（印花圖案4種）各10cm×30cm
・後背布（印花圖案）30cm×30cm
・鋪棉30cm×30cm
・土台胚布（素色原色）30cm×30cm
・水兵緞帶（0.7cm寬）70cm
・拉鍊（22cm）1條
・填充棉（25cm方形）1個

※本作品使用完成蘇姑娘刺繡的成品。手工刺繡時，
　請參考紙型B面的圖案，以25號繡線1至2股線進行刺繡。

前1片（表布、鋪棉、土台胚布）

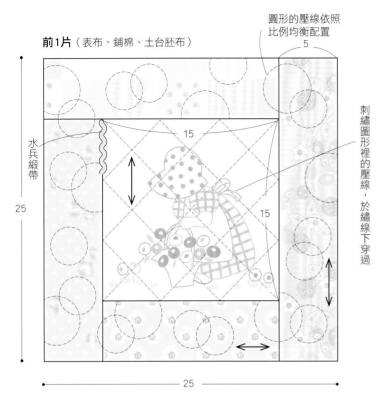

圓形的壓線依照比例均衡配置

5

刺繡圖形裡的壓線，於繡線下穿過

水兵緞帶

25

15

15

25

後片2片

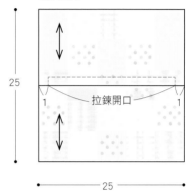

25

拉鍊開口

1　1

25

[作法]

縫合表布，鋪棉、土台胚布重疊後進行壓線。

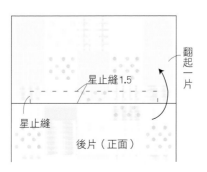

壓線

鋪棉

土台胚布

表布

縫合固定水兵緞帶

2 後側縫合拉鍊。

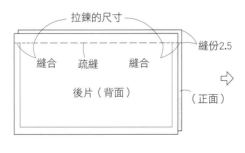

拉鍊的尺寸

縫合　疏縫　縫合

縫份2.5

後片（背面）

（正面）

星止縫0.2　拉鍊（正面）

後片（背面）

突出0.3

3 返回正面縫合固定拉鍊。

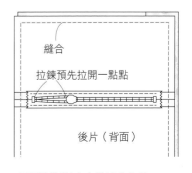

星止縫1.5

翻起一片

星止縫

後片（正面）

4 對齊前、後片縫合周圍。

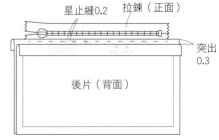

縫合

拉鍊預先拉開一點點

後片（背面）

※周圍的縫份以Z字縫拷克處理。

27

兒童印花圖案遊戲墊

格子部分與飾緣邊框都是印花圖案，沿著印花圖案車縫壓線，輕鬆就能完成的一款設計，作為新生兒賀禮也非常推薦喲！

how to make : p.52

兒童印花圖案束口袋

從No.27擷取畫面製成的束口波奇包。想要凸顯出畫面的美麗，口布的選擇是設計重點。一口氣製作很多個，作為禮物一定會很受歡迎！

how to make : p.52

將長方形的布捏起來，
作成鬱金香形狀的繩子裝飾也非常可愛。

Back Style

表裡圖案的搭配組合也是享受設計的箇中樂趣。

[作法] 將表布與鋪棉、裡布重疊,沿著印花圖案壓線,
並將周圍進行滾邊處理。

[材料]

· 表布(印花圖案)
　110cm×100cm

· 裡布(印花圖案)
　110cm×100cm

· 鋪棉120cm×100cm

· 滾邊用斜布條
　(3.5cm寬)400cm

P.51 **NO.28~NO.50** 兒童印花圖案束口袋

[材料]

· 表布(印花圖案2種)25cm×28cm

· 裡布(印花圖案)35cm×75cm

· 蠟繩(粗0.3cm)110cm

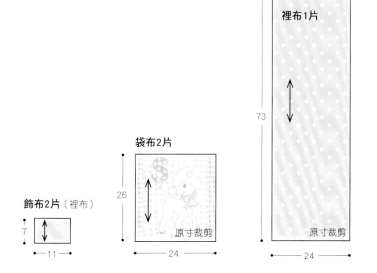

飾布2片(裡布)

袋布2片

裡布1片

1 對齊2片袋布縫合底部。

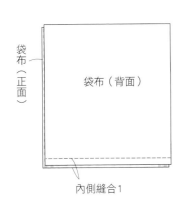

袋布（正面）

袋布（背面）

內側縫合1

2 縫合袋布與裡布。

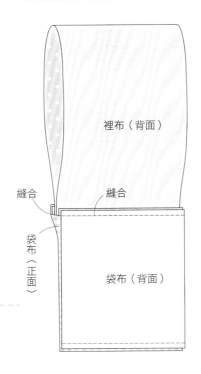

裡布（背面）

縫合

縫合

袋布（正面）

袋布（背面）

3 縫合袋布與袋布、裡布與裡布的脇邊。

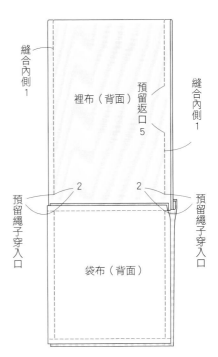

縫合內側1

裡布（背面）

預留返口5

縫合內側1

預留繩子穿入口

2

2

預留繩子穿入口

袋布（背面）

4 翻回正面。

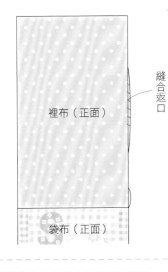

裡布（正面）

縫合返口

袋布（正面）

5 縫合袋口。

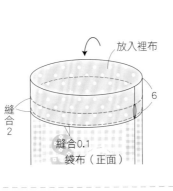

放入裡布

6

縫合2

縫合0.1

袋布（正面）

6 穿過蠟繩。

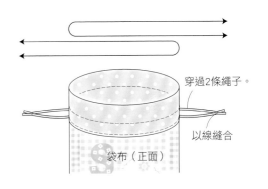

穿過2條繩子。

以線縫合

袋布（正面）

7 製作裝飾小物縫合於繩子的前端。

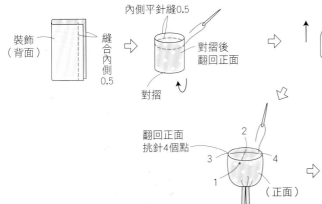

裝飾（背面）

縫合內側0.5

內側平針縫0.5

對摺後翻回正面

對摺

翻回正面
挑針4個點

2

3

4

1

（正面）

裝入繩子的前端

拉緊繩子

拉緊繩子

[完成]

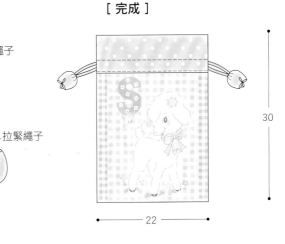

30

22

Fruits Motif

水果圖形
Strawberry & Grape

清新又可愛的水果，是從小開始就非常喜歡的圖案。圓潤甜美的形狀令人無法抗拒，以草莓與葡萄搭配組合。

31

放在桌上也很可愛。

草莓 & 小花花圈

讓室內裝潢明亮又繽紛，具有存在感
的可愛花圈。以拼接布片與貼布縫的
作法具有不同的韻味，盡情享受拼布
立體圖形的樂趣。

how to make：p.70

55

Fruits Motif

水果圖形
Strawberry & Grape

草莓 & 小花胸花

將NO.31的圖形製成胸花。搖搖晃晃的草莓是可愛的小零件。別在洋裝或包包上,當成一個醒目的裝飾。

how to make : p.72

32

33

水果迷你框飾

將令人感受到春天來訪的水果，製成
迷你框飾。就算是相同圖案，也會因
為變化成刺繡貼布縫，而有著不同氛
圍的樂趣。

how to make : p.73

35

34

36

葡萄壁貼裝飾

將YOYO球變成葡萄果實的壁貼裝飾。
裝飾牆壁或食器的櫥櫃，展現具有趣味
性的生活小智慧。

how to make : p.74

葡萄胸花

葡萄果粒圓潤飽滿的可愛胸花。不論裝飾包包或籃子都是吸引目光的焦點。

how to make : p.75

37

38

袋布1片（表布、接著鋪棉、裡布）

原寸紙型 **A**面

[材料]

- 拼接布片（深色印花圖案12種）合計30cm×25cm
- 拼接布片（圓點圖案）20cm×20cm
- 表布（水藍小花）25cm×25cm
- 裡布（印花圖案）25cm×35cm
- 接著鋪棉35cm×25cm
- 滾邊用斜紋布條3.5cm×25cm2條
- 綾羅紋織帶（1.5cm寬）7cm
- 拉鍊（20cm）1條

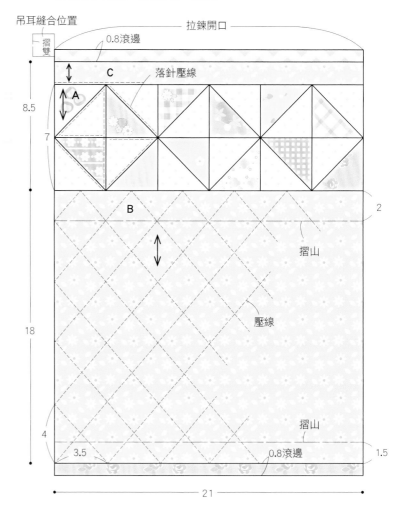

[作法]

1 拼接布片，與B、C縫合製成表布。

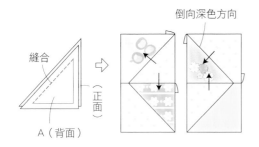

2 表布貼上接著鋪棉，與裡布重疊後壓線，
袋口以滾邊處理。

3 縫上拉鍊。

4 摺疊摺山處，縫合脇邊。

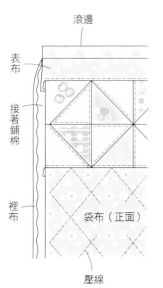

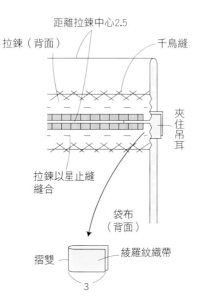

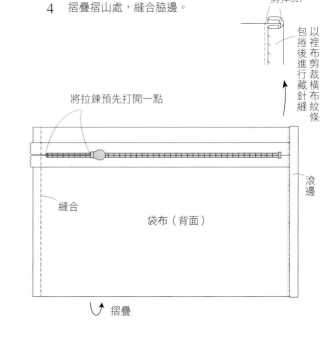

[材料]

- 拼接布片（印花圖案12種）合計30cm×25cm
- 貼布縫用布 適量
- 貼布縫土台布（花朵圖案）15cm×15cm
- 表布（粉紅小花）25cm×20cm
- 裡布（印花圖案）25cm×35cm
- 接著鋪棉35cm×25cm
- 滾邊用斜紋布條3.5cm×25cm2條
- 綾羅紋織帶（1.5cm寬）7cm
- 拉鍊（20cm）1條

[作法]　與NO.1的波奇包依相同作法製作。

拼接布片的方法

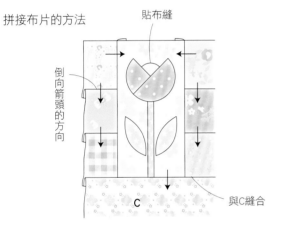

倒向箭頭的方向

貼布縫

C

與C縫合

袋布1片（表布、接著鋪棉、裡布）

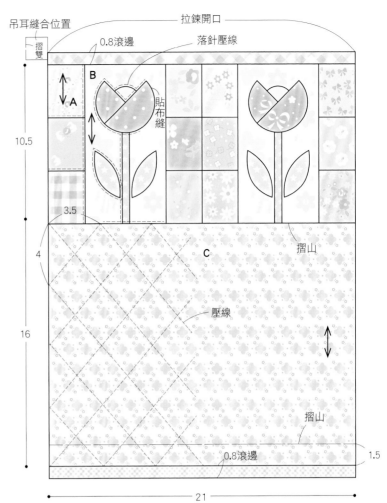

吊耳縫合位置　　拉鍊開口

摺雙

0.8滾邊　　落針壓線

B

A

貼布縫

10.5

3.5

4

16

C

壓線

摺山

摺山

0.8滾邊

1.5

21

[完成]

1

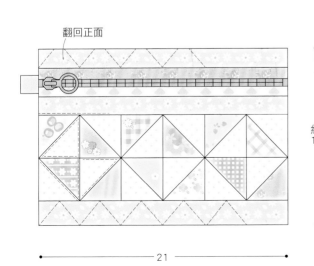

翻回正面

約 14

21

2

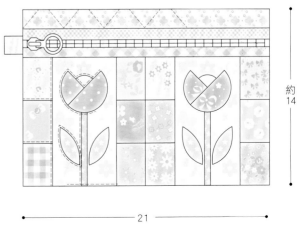

約 14

21

原寸紙型 A面

[材料]

- 貼布縫胚布（印花圖案）20cm×15cm
- 貼布縫用布 適量
- 表布（印花圖案）25cm×35cm
- 袋蓋布（圓點）20cm×15cm
- 裡布（印花圖案）25cm×45cm
- 接著鋪棉25cm×45cm
- 土台胚布（素色原色）25cm×45cm
- 蕾絲（3cm寬）50cm
- 縫合型磁釦（直徑1.5cm）1組
- 小圓串珠（紅色）適量
- 飾珠 2個
- 25號繡線（綠色）
- 圖形蕾絲A（白花）2片
- 圖形蕾絲B（綠葉）2片

袋蓋1片（袋蓋布、接著鋪棉、土台胚布、裡布）

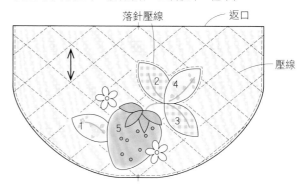

袋布1片（表布、接著鋪棉、土台胚布）
裡袋布1片（裡布）

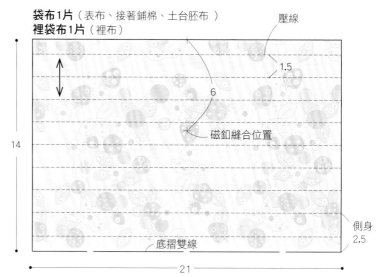

[作法]

1 完成貼布縫與刺繡的袋蓋布，貼上接著鋪棉。
　與土台胚布重疊並壓線，縫合蕾絲，放於袋蓋縫合。

2 袋蓋與裡布對齊縫合，翻回正面。

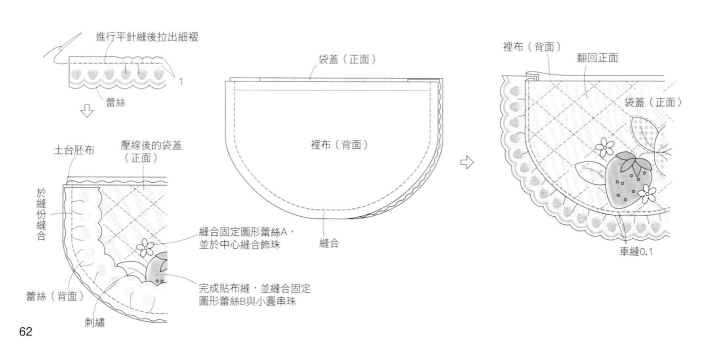

3 袋布的表布貼上接著鋪棉、與土台胚布重疊並壓線，
與裡布對齊縫合上下側。

4 摺疊底部，縫合袋布與袋布、裡布與裡布的脇邊，縫合底部側身。

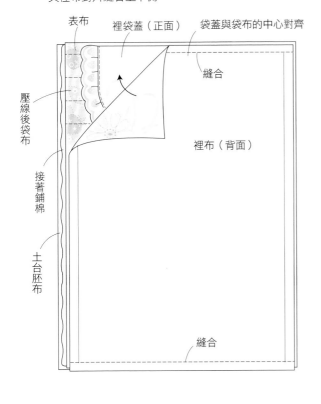

表布
裡袋蓋（正面）
袋蓋與袋布的中心對齊
縫合
壓線後袋布
接著鋪棉
土台胚布
裡布（背面）
縫合

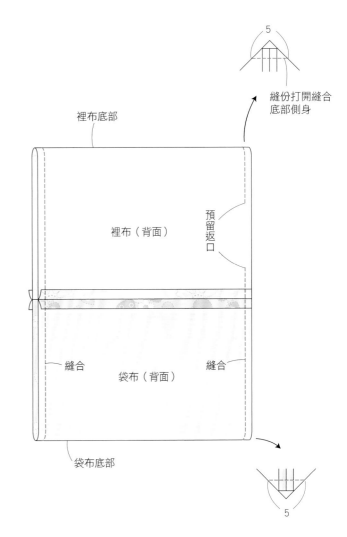

5
裡布底部
縫份打開縫合底部側身
裡布（背面）
預留返口
縫合
袋布（背面）
縫合
袋布底部
5

5 翻回正面。

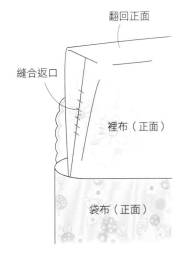

翻回正面
縫合返口
裡布（正面）
袋布（正面）

6 縫合袋口，縫合固定磁釦。

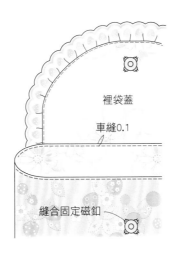

裡袋蓋
車縫0.1
縫合固定磁釦

［完成］

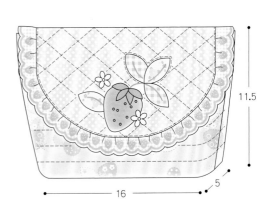

11.5
16
5

[材料]

- YOYO用布（印花圖案）
- 包釦用布（印花圖案）10cm×15cm
- 表布（粉紅印花圖案）110cm×20cm
- 裡布（印花圖案）35cm×60cm
- 接著鋪棉 55cm×30cm
- 土台胚布（素色原色）110cm×25cm
- 蠟繩（粗細0.3cm）130cm
- 包釦（直徑2.1cm）4個
- 圖形蕾絲（直徑1cm）22個
- 8號繡線（紅色）

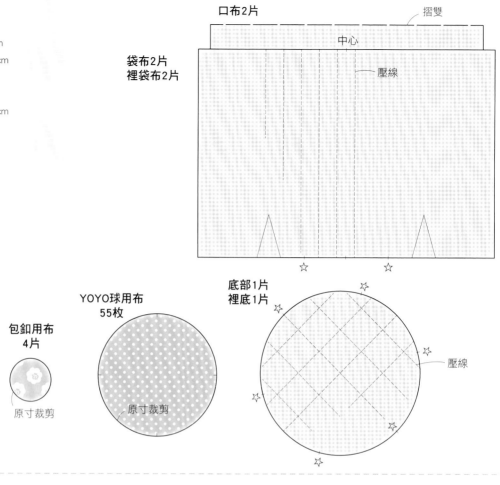

口布2片
摺雙
中心
袋布2片
裡袋布2片
壓線
☆ ☆

包釦用布
4片
原寸裁剪

YOYO球用布
55枚
原寸裁剪

底部1片
裡底1片
壓線
☆

[作法]

1　表袋布貼上接著鋪棉，與土台胚布重疊壓線，
　　正面相對後縫合褶子與脇邊。

2 縫合底部與袋布。

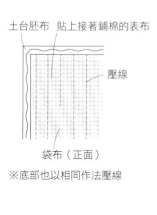

土台胚布　貼上接著鋪棉的表布
壓線
袋布（正面）
※底部也以相同作法壓線

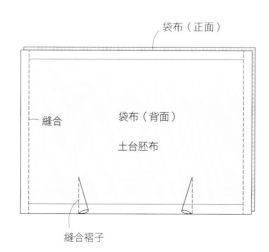

袋布（正面）
縫合
袋布（背面）
土台胚布
縫合褶子

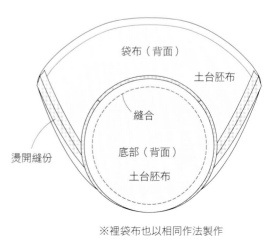

袋布（背面）
土台胚布
縫合
底部（背面）
土台胚布
燙開縫份
※裡袋布也以相同作法製作

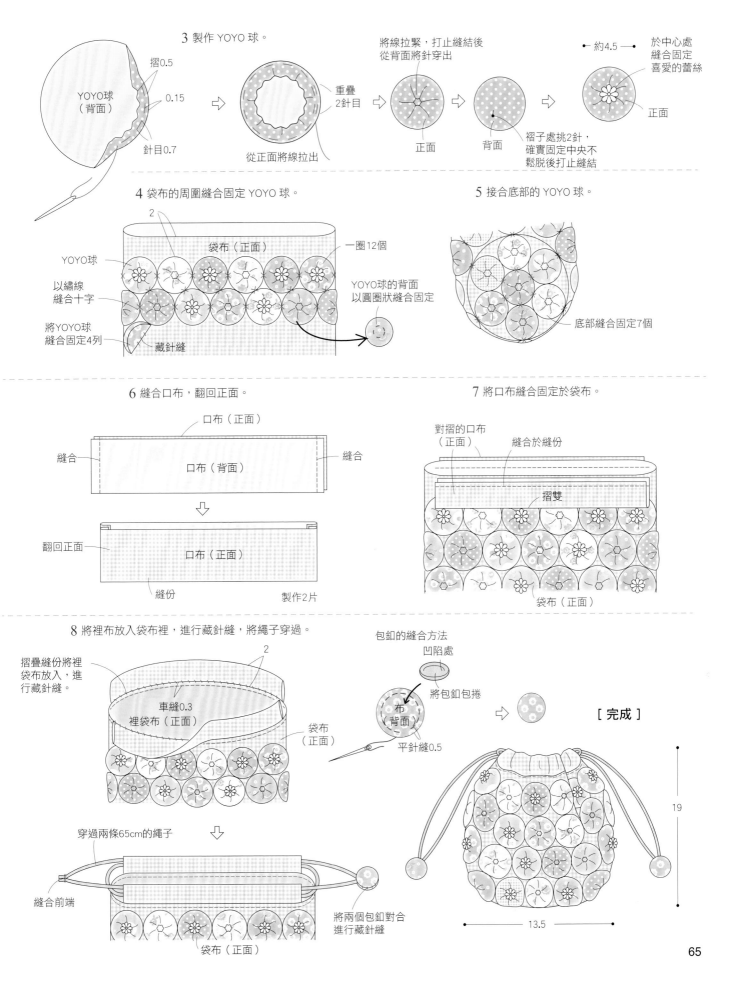

3 製作 YOYO 球。

YOYO球
（背面）

摺0.5

0.15

針目0.7

從正面將線拉出

重疊
2針目

將線拉緊，打止縫結後
從背面將針穿出

正面

背面

褶子處挑2針，
確實固定中央不
鬆脫後打止縫結

← 約4.5 →

於中心處
縫合固定
喜愛的蕾絲

正面

4 袋布的周圍縫合固定 YOYO 球。

2

袋布（正面）

YOYO球

以繡線
縫合十字

將YOYO球
縫合固定4列

藏針縫

一圈12個

YOYO球的背面
以圓圈狀縫合固定

5 接合底部的 YOYO 球。

底部縫合固定7個

6 縫合口布，翻回正面。

口布（正面）

縫合

口布（背面）

縫合

翻回正面

口布（正面）

縫份

製作2片

7 將口布縫合固定於袋布。

對摺的口布
（正面）

縫合於縫份

摺雙

袋布（正面）

8 將裡布放入袋布裡，進行藏針縫，將繩子穿過。

摺疊縫份將裡
袋布放入，進
行藏針縫。

2

車縫0.3
裡袋布（正面）

袋布
（正面）

穿過兩條65cm的繩子

縫合前端

袋布（正面）

將兩個包釦對合
進行藏針縫

包釦的縫合方法

凹陷處

將包釦包捲

布
（背面）

平針縫0.5

⇨

[完成]

19

13.5

原寸紙型 **A** 面

NO.11

[材料]
- 拼接布片（印花圖案16種）各10cm×10cm
- 蝴蝶結用布（印花圖案）15cm×25cm
- 裡布（印花圖案）50cm×35cm
- 接著鋪棉50cm×35cm
- 縫合型磁釦（直徑1.5cm）1組

NO.12

[材料]
- 拼接布片（印花圖案16種）各8cm×8cm
- 蝴蝶結用布（印花圖案）10cm×20cm
- 裡布（印花圖案）40cm×30cm
- 接著鋪棉40cm×30cm
- 縫合型磁釦（直徑1cm）1組

NO.13

[材料]
- 拼接布片（印花圖案16種）各6cm×6cm
- 蝴蝶結用布（印花圖案）8cm×20cm
- 裡布（印花圖案）30cm×20m
- 接著鋪棉30cm×20cm
- 縫合型磁釦（直徑1cm）1組

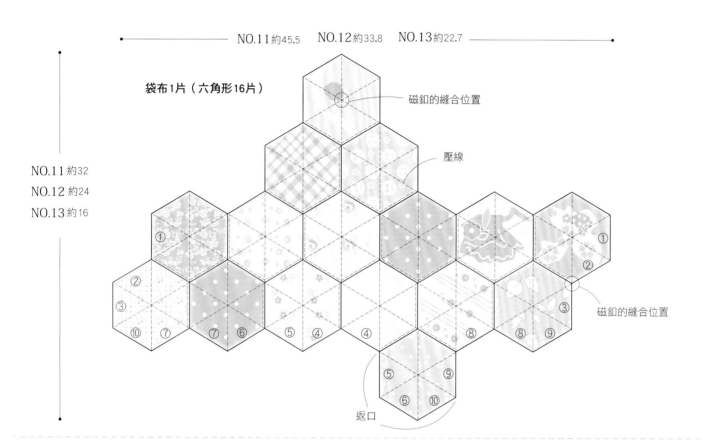

NO.11 約45.5　NO.12 約33.8　NO.13 約22.7

袋布1片（六角形16片）

磁釦的縫合位置

壓線

NO.11 約32
NO.12 約24
NO.13 約16

磁釦的縫合位置

返口

[作法]

1 將六角形依照圖示縫合，貼上接著鋪棉。

橫向列從記號縫合至記號

縫合時避開縫份

表布（正面）

貼上接著鋪棉

2 袋布與裡布正面相對縫合四周。

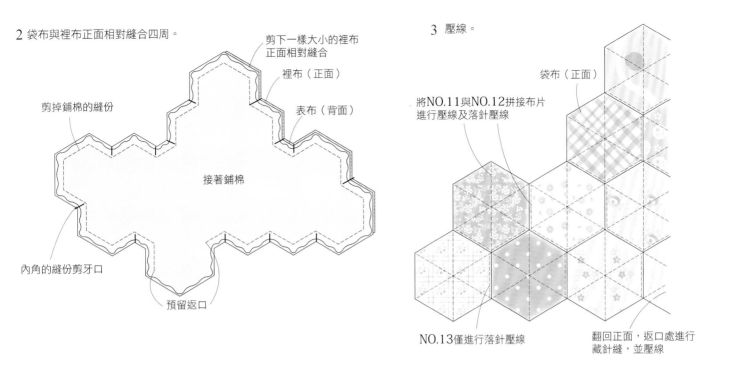

剪下一樣大小的裡布
正面相對縫合

裡布（正面）

剪掉鋪棉的縫份

表布（背面）

接著鋪棉

內角的縫份剪牙口

預留返口

3 壓線。

袋布（正面）

將NO.11與NO.12拼接布片
進行壓線及落針壓線

NO.13僅進行落針壓線

翻回正面，返口處進行
藏針縫，並壓線

4 依照圖示，相同數字的布片對齊，
以捲針縫進行縫合。

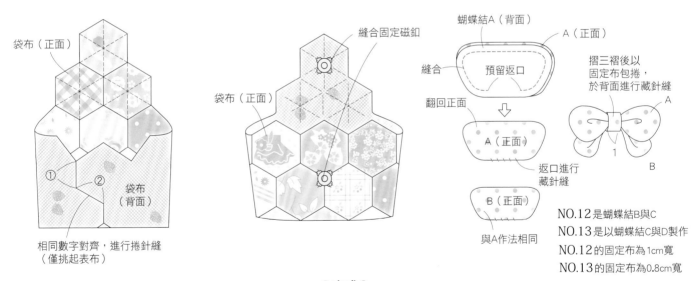

袋布（正面）

①　②

袋布
（背面）

相同數字對齊，進行捲針縫
（僅挑起表布）

5 縫合固定磁釦。

縫合固定磁釦

袋布（正面）

6 製作蝴蝶結，縫合於袋布。

蝴蝶結A（背面）

A（正面）

縫合

預留返口

摺三褶後以
固定布包捲，
於背面進行藏針縫

翻回正面

A（正面）

返口進行
藏針縫

B（正面）

與A作法相同

A

1

B

NO.12是蝴蝶結B與C
NO.13是以蝴蝶結C與D製作
NO.12的固定布為1cm寬
NO.13的固定布為0.8cm寬

[完成]

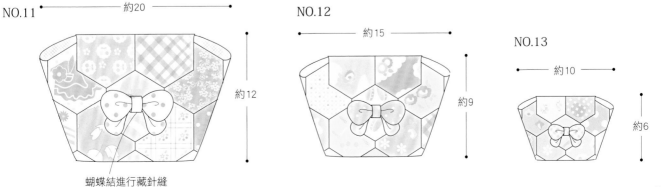

NO.11
約20
約12

蝴蝶結進行藏針縫

NO.12
約15
約9

NO.13
約10
約6

[材料]（2件相同）

・拼接布片（印花圖案2種）
　　　　　　　　　各25cm×15cm
・身片（印花圖案）35cm×35cm
・領子布（印花圖案）30cm×10cm
・裙子布（印花圖案）90cm×25cm
・提把布（印花圖案）6cm×32cm
・裡布（印花圖案）75cm×35cm
・鋪棉 75cm×35cm
・土台胚布（原色）75cm×35cm
・水兵緞帶（0.8cm寬）40cm（NO.17）
・水兵緞帶（1cm寬）40cm（NO.18）
・亞麻織帶（2cm寬）64cm
・鈕釦（直徑1.2cm）3個）1組

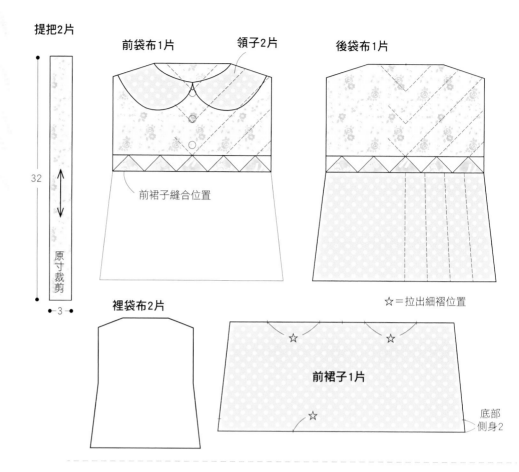

提把2片

32

原寸裁剪

←3→

前袋布1片　　領子2片

後袋布1片

前裙子縫合位置

裡袋布2片

☆＝拉出細褶位置

前裙子1片

底部側身2

[作法]

1 縫合前裙子的縫份，拉出細褶。

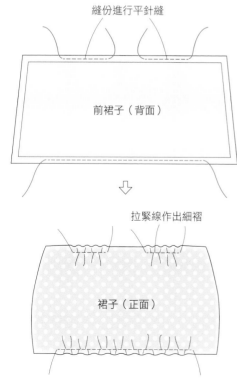

縫份進行平針縫

前裙子（背面）

⇩

拉緊線作出細褶

裙子（正面）

2 拼接布片縫合身片與裙子，製作表布。

拼接布片

⇩

縫合

前裙子（正面）

對齊邊端

3 將表布與鋪棉、土台胚布重疊後壓線，製作前袋布。

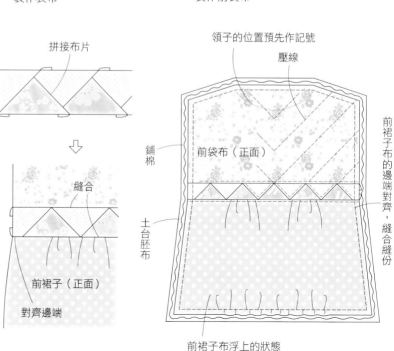

領子的位置預先作記號

壓線

鋪棉

前袋布（正面）

土台胚布

前裙子布的邊端對齊，縫合縫份

前裙子布浮上的狀態

4 後袋布也以相同作法製作。

鋪棉

後袋布（正面）

土台胚布

壓線

後袋布以不抓褶的方式製作

5 前、後袋布正面相對縫合底部。底部側身向上摺疊並縫合脇邊。

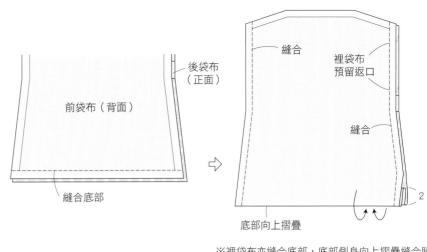

前袋布（背面）

縫合底部

後袋布（正面）

縫合

裡袋布預留返口

縫合

底部向上摺疊

2

※裡袋布亦縫合底部，底部側身向上摺疊縫合脇邊

6 表領縫合固定水兵緞帶，裡領的正面向內側對齊縫合四周。

縫合固定水兵緞帶的表領（正面）

牙口

裡領（背面）

縫合

翻回正面

製作左右對稱

7 摺疊提把縫合固定亞麻織帶。

摺疊

提把

2

亞麻織帶

放於亞麻織帶上車縫

提把（正面）

0.1

8 將領子與提把縫合固定於袋布。

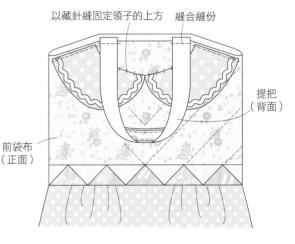

以藏針縫固定領子的上方

縫合縫份

提把（背面）

前袋布（正面）

9 將裡袋布放入袋布中，縫合袋口，翻回正面。

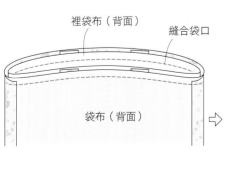

裡袋布（背面）

縫合袋口

袋布（背面）

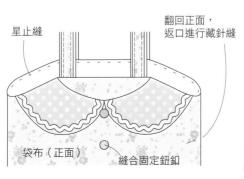

星止縫

翻回正面，返口進行藏針縫

袋布（正面）

縫合固定鈕釦

[完成]

約32.5

約28

[作法]　1 縫合花瓣。5片重疊縫合，縫至第一片的邊端。

原寸紙型 **B**面

[材料]
· 花朵用布（白色素色）100cm×40cm
· 花朵用布（印花圖案）50cm×30cm
· 花托用布（綠色素色）40cm×15cm
· 草莓用布（印花圖案4種）適量
· 花萼、葉子用布（綠色）適量
· 手工藝用棉花適量
· 蠟繩（粗細0.3cm）適量
· 鐵絲（#22）適量
· 圖形蕾絲（直徑1cm）適量
· 紙膠帶（綠色）適量
· 25號繡線（綠色）
· 花圈框架（直徑30cm）1個

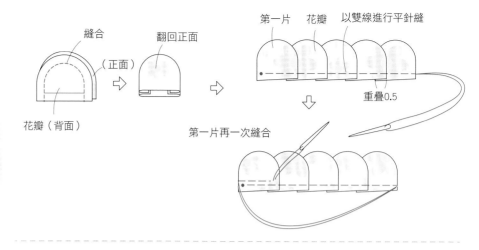

2 製作花朵。縫合花托，以鐵絲穿過圖形蕾絲之中再插入花朵。

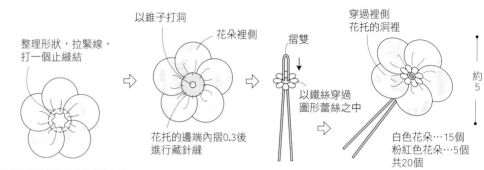

白色花朵…15個
粉紅色花朵…5個
共20個

約5

3 縫合 3 片草莓。

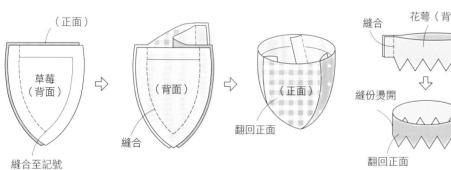

4 縫合花萼，與草莓對齊。

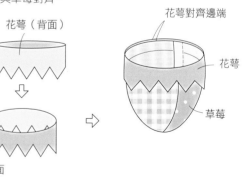

5 入口處摺疊後縫合。裝入棉花，縫合繩子，固定鐵絲。

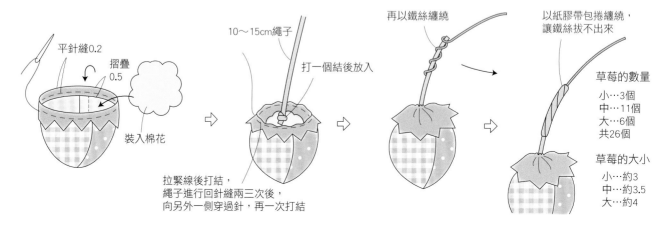

草莓的數量
小…3個
中…11個
大…6個
共26個

草莓的大小
小…約3
中…約3.5
大…約4

6 表布刺繡完成後，一邊夾住鐵絲，一邊以雙面膠襯與裡布貼合。剪下葉子的形狀。

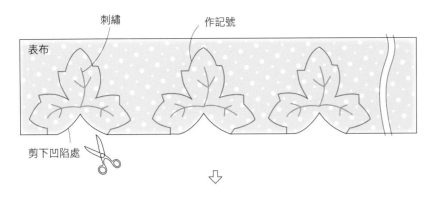

刺繡　　作記號

表布

剪下凹陷處

⇩

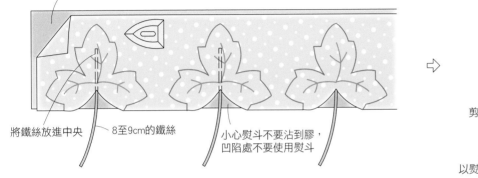

將貼有雙面膠襯的裡布重疊貼合

將鐵絲放進中央　　8至9cm的鐵絲　　小心熨斗不要沾到膠，凹陷處不要使用熨斗

⇨

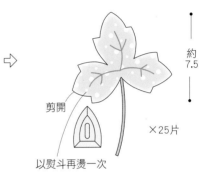

約7.5

剪開

以熨斗再燙一次

×25片

7 將草莓、花朵、葉子均勻的配置在花圈上。　　　　[完成]

花圈

纏繞鐵絲

約35

[作法] 1 縫合花瓣。5片重疊一起縫合,縫至第一片的邊端為止。

原寸紙型 **B**面

[材料]（2件相同）

- 花朵用布（白色素布）25cm×10cm
- 草莓用布（印花圖案）
  18cm×8cm(1個的用量)
- 花萼、葉子用布（綠色）適量
- 手工藝用棉花適量
- 蠟繩（粗細0.3cm）20至30cm
- 鐵絲（#22）20至30cm
- 圖形蕾絲（直徑1cm）1片
- 蕾絲（1cm寬）30cm
- 別針（2.5cm）1個
- 25號繡線（綠色、黃色）

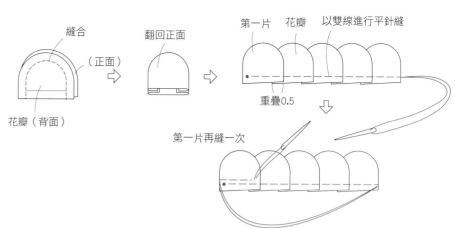

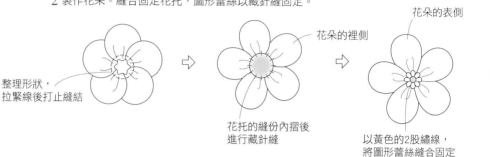

2 製作花朵。縫合固定花托,圖形蕾絲以藏針縫固定。

3 縫合葉子,翻回正面進行刺繡。

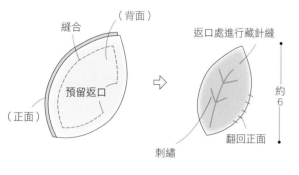

4 製作草莓。

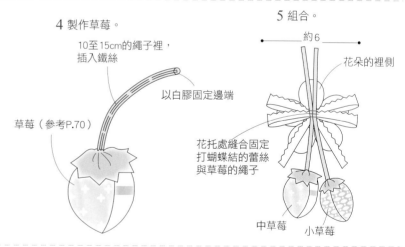

5 組合。

6 葉子與別針縫合固定。

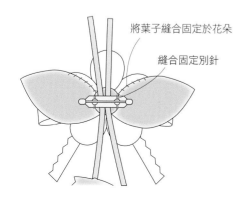

[完成]

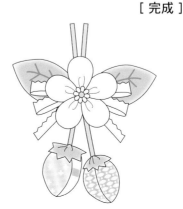

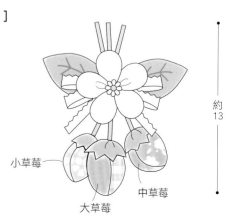

NO.34

原寸紙型 **B**面

NO.34

[材料]
- 刺繡土台胚布（原色）25cm×25cm
- 拼接布片（印花圖案6種）適量
- 貼布縫用布 適量
- 鋪棉30cm×30cm
- 土台胚布（原色）30cm×30cm
- 25號繡線（粉紅色、淡粉紅色、茶色、
　　　　　　深綠色、綠色、黃色、紅色）
- 框（內寸24cm）1個

NO.35

[材料]
- 貼布縫土台胚布（原色）25cm×25cm
- 拼接布片（印花圖案6種）適量
- 貼布縫用布 適量
- 鋪棉30cm×30cm
- 土台胚布（原色）30cm×30cm
- 圖形蕾絲（直徑2.1cm）4個
- 25號繡線（茶色、深綠色、綠色、黃色）
- 框（內寸24cm）1個

【作法】

1 於土台胚布完成刺繡與貼布縫。

2 四周拼接布片完成表布。

3 表布與鋪棉、土台胚布重疊後壓線。

4 NO.35 蕾絲是以繡線縫合固定。

5 四周以 Z 字車縫拷克處理。

6 放入框內。

NO.34　24　24　刺繡　刺繡圖形裡的壓線，於繡線下穿過

NO.35　24　24　壓線　貼布縫　落針壓線　以黃色2股線將蕾絲縫合固定

原寸紙型 **B**面

[材料]（一件的用量）

・葡萄用布（紫色、綠色印花圖案）適量
・葉子用布（綠色印花圖案）22cm×12cm
　　　　　　　　　　　　（葉子一片的用量）
・圖形蕾絲（直徑1cm）適量
・鐵絲（＃22）20cm
・25號繡線（綠色 、黃色）

※圖中的小葡萄為 9 片一串，大葡萄為 15 片一串。

[作法]

1 以YOYO球的作法完成葡萄。

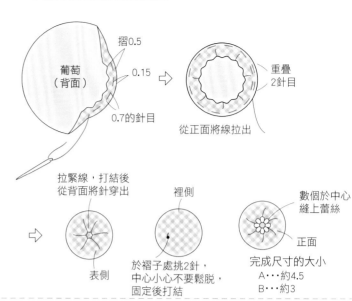

摺0.5
葡萄（背面）
0.15
0.7的針目
重疊2針目
從正面將線拉出

拉緊線，打結後從背面將針穿出

表側

裡側
於褶子處挑2針，中心小心不要鬆脫，固定後打結

數個於中心縫上蕾絲
正面
完成尺寸的大小
A・・・約4.5
B・・・約3

---

2 葉子完成刺繡後縫合四周。翻回正面插入鐵絲。

3 將葡萄以藏針縫固定，縫上葉子組合完成。

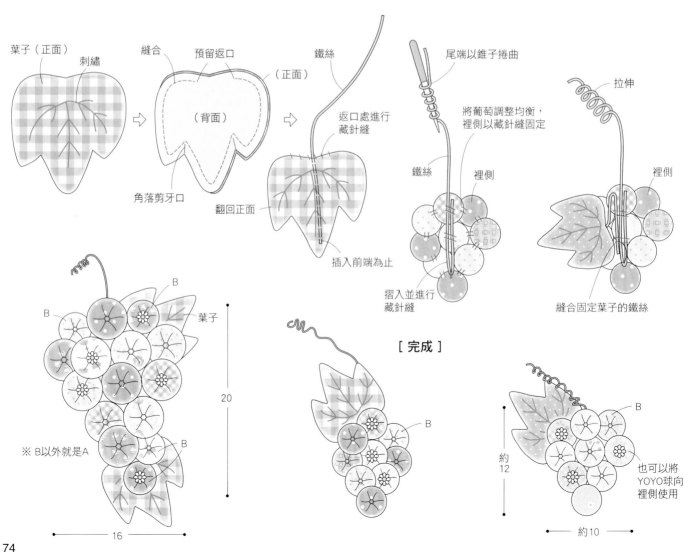

葉子（正面）
刺繡

縫合　預留返口　（正面）
（背面）
角落剪牙口
翻回正面

鐵絲
返口處進行藏針縫
插入前端為止

尾端以錐子捲曲
拉伸
將葡萄調整均衡，裡側以藏針縫固定
鐵絲
裡側
摺入並進行藏針縫
縫合固定葉子的鐵絲

B
B
葉子
B
B
※ B以外就是A
20
16

[完成]

B
約12
約10

B
也可以將YOYO球向裡側使用

[作法]　1 縫合葡萄，塞入棉花後縫上襯布。如圖縫合固定。

原寸紙型 B 面

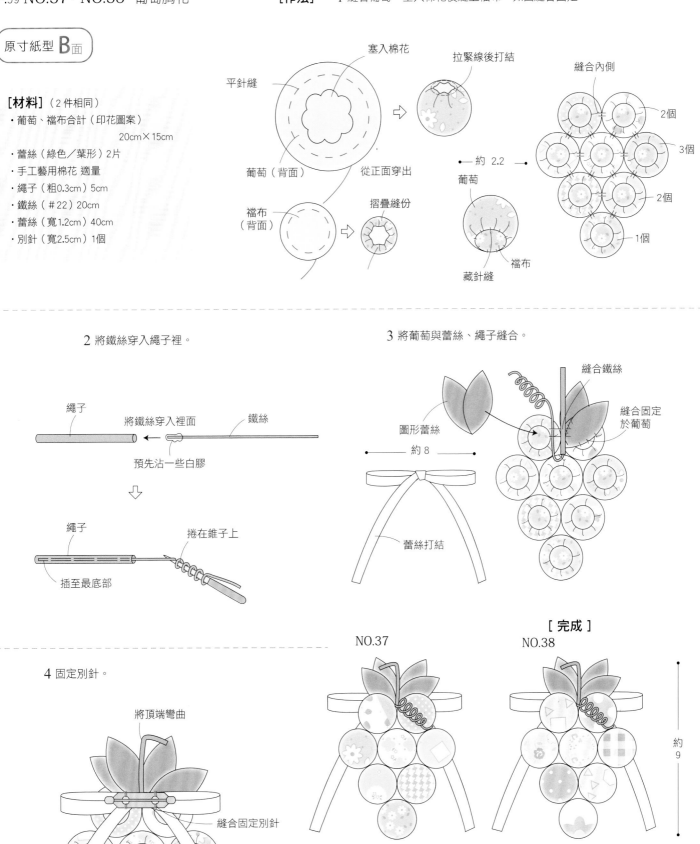

[材料]（2件相同）

・葡萄、襯布合計（印花圖案）
　　　　　　　　　20cm×15cm
・蕾絲（綠色／葉形）2片
・手工藝用棉花 適量
・繩子（粗0.3cm）5cm
・鐵絲（＃22）20cm
・蕾絲（寬1.2cm）40cm
・別針（寬2.5cm）1個

塞入棉花
平針縫
拉緊線後打結
縫合內側
葡萄（背面）
從正面穿出
2個
3個
2個
1個
約 2.2
葡萄
襯布（背面）
摺疊縫份
葡萄
藏針縫
襯布

2 將鐵絲穿入繩子裡。

繩子
將鐵絲穿入裡面
鐵絲
預先沾一些白膠

繩子
捲在錐子上
插至最底部

3 將葡萄與蕾絲、繩子縫合。

縫合鐵絲
縫合固定於葡萄
圖形蕾絲
約 8
蕾絲打結

4 固定別針。

將頂端彎曲
縫合固定別針

NO.37

[完成]
NO.38

約 9

75

原寸紙型 **A**面

袋布2片、裡袋布2片

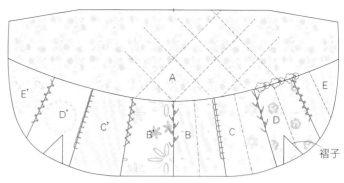

[材料]

- 拼接布片（印花圖案8種）適量
- 裡布（印花圖案）35cm×35cm
- 接著鋪棉30cm寬20cm（薄）35cm×35cm
- 土台胚布（原色）35cm×35cm
- 蕾絲（1cm寬）70cm
- 口金金具（寬18cm×高6.5cm／釦頭除外）1個
- 25號繡線（紫色、淡紫色）
- 8號繡線（漸層）

[作法]

1　先拼接布片，貼上接著鋪棉，
與土台胚布重疊後壓線，縫合蕾絲製作袋布。

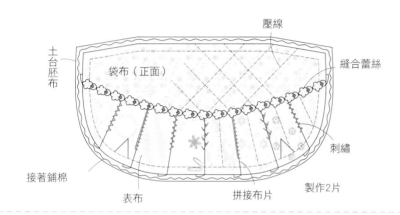

2　縫合褶子。將 2 片袋布正面相對縫合四周。

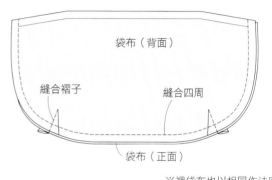

※裡袋布也以相同作法完成

3　將袋布裝入裡袋布中，縫合袋口。

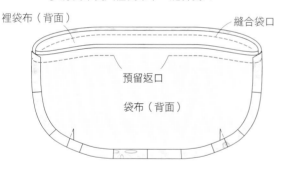

4　翻回正面。

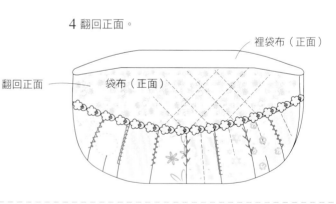

5　將袋布塞入口金內，於中心、兩端之間疏縫後縫合口金袋口（請參考 P.25）。

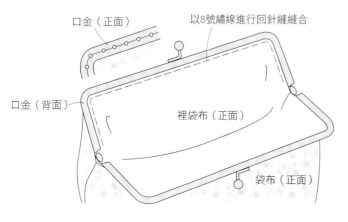

[完成]

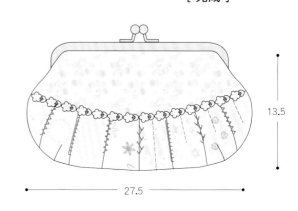

13.5

27.5

　　　在作品製作前，先學好拼布的基本功吧！

製作紙型

將紙型影印下來，放於厚紙板上，以錐子於四個角落打洞。
將紙型拿開，對齊厚紙板上面的洞以尺畫線，以剪刀剪下使用。

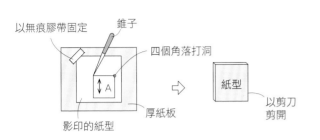

以無痕膠帶固定
錐子
四個角落打洞
A
影印的紙型
厚紙板
紙型
以剪刀剪開

裁布

以熨斗熨燙布料，放於硬紙版的粗糙面。
放上紙型，於布料的背面畫記號。
預留縫份畫下一個布片後，裁布。

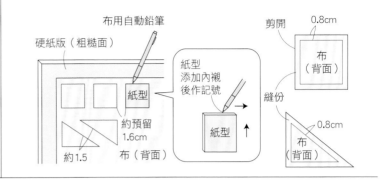

布用自動鉛筆
硬紙版（粗糙面）
紙型
約預留1.6cm
布（背面）
約1.5
紙型添加內襯後作記號
紙型
剪開
0.8cm
布（背面）
縫份
0.8cm
布（背面）

拼接布片

使用頂針及原色的拼布用線，
以單股線的平針縫進行拼接。

以中指的頂針推壓
（背面）
40cm左右的線

縫法

正面相對後依兩端、中心的順序以珠針固定。
比記號往前0.3至0.4cm的地方開始下針，
回針縫後再進行平針縫。將縫縮的部分拉直（將線整平）。
縫合結束時也至記號前0.3至0.4cm的地方進行回針縫。

將縫份剪齊，摺疊縫線的位置，
並打開至正面。

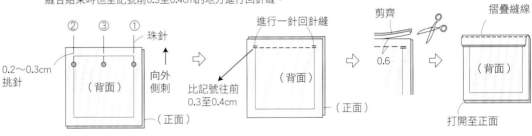

② ③ ①
珠針
0.2～0.3cm
挑針
（背面）
（正面）
向外側刺
進行一針回針縫
比記號往前0.3至0.4cm
（背面）
（正面）
剪齊
0.6
打開至正面
摺疊縫線
（背面）

三角形的縫份

剪掉三角形的邊角更容易縫合。

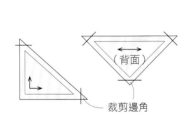

（背面）
裁剪邊角

成列的縫法

基本上先將橫向排列部分分別縫合完成。　一整列的縫份倒向，
以相反方向排列，這樣縫份才不會重疊太厚。

一整列縫合完成
向右倒
（正面）
向左倒
（正面）
縫份也縫合
縫合
（背面）
（正面）
縫合向下倒

六角形的拼接方法

從記號開始縫合至另一記號。
接續的六角形以鑲入方式縫合，
一列一列（♡與♡、★與★）

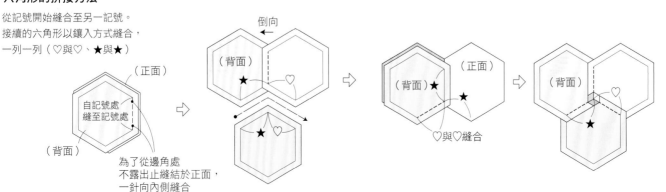

（正面）
自記號處縫至記號處
（背面）
為了從邊角處不露出止縫結於正面，一針向內側縫合
倒向
（背面）
★
♡
★
（背面）★
（正面）
★
♡與♡縫合
（背面）
（正面）
♡
★

貼布縫

1 在圖案的紙上放上土台胚布，描繪貼布縫的圖案。再將圖案描在貼布縫紙上後剪下，放於貼布縫用布後貼上。

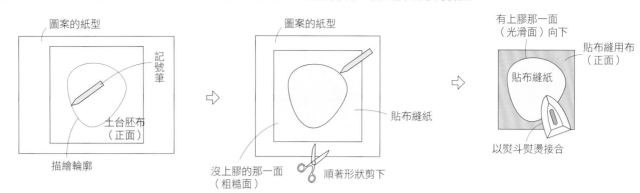

2 預留縫份後裁剪貼布縫用布，背面塗膠後貼於土台胚布。以針的尖端一邊向內摺，一邊進行縱向藏針縫，最後將貼布縫紙取出。

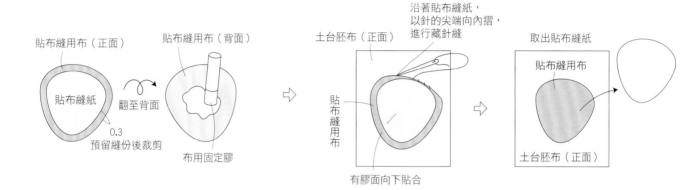

有重疊的貼布縫

圖案重疊的那一邊，於紙型上事先作好記號。
裁剪貼布縫用布時，有記號的那一邊0.5cm，
此外都預留0.3cm的縫份。
貼布縫一定要從下片圖案開始縫合。
疊在上面的那一邊，為了要更服貼，
可以將部分縫份預先疏縫。

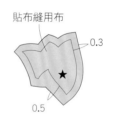

邊角與尖端 內角與弧度較大內緣，請在縫份處剪牙口後，進行貼布縫。尖端處以針尖挑向內側摺疊，縫合2針。

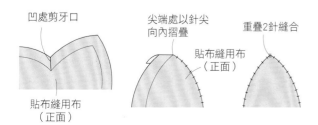

細長型的貼布縫 使用滾邊器將斜布紋剪裁的布條與雙面膠結合時，先作好有貼雙面膠的斜布條後，再以熨斗熨燙接合後進行藏針縫。

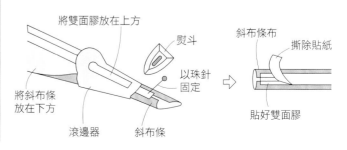

畫拼布壓線線條

使用布用自動筆與尺畫直線。
避開貼布縫部分。
請注意不要拉伸到布料，
作淺淺的記號。

避開貼布縫畫線

縫疏縫線

表布與鋪棉、裡布重疊，以疏縫線縫合。
從中心向外側依照上下、左右的順序疏縫，
距離3至4cm的間隔平行疏縫。

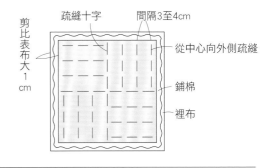

剪比表布大1cm

疏縫十字

間隔3至4cm

從中心向外側疏縫

鋪棉

裡布

壓線

原色或者是配合布料的顏色選擇壓線，以單股線穿過裡布一起並縫。
沿著貼布縫等圖案的輪廓刺繡（落針壓縫）、將背景以格子狀壓線，
這2種是較一般的壓線方法。
壓線結束後拆掉疏縫線。

落針壓縫

0.2

貼布縫

格子狀壓線

貼布縫的前一針進行回針縫

開始刺繡

開始刺繡前，從分開的位置開始下針，
用力拉扯將使縫結陷入布料內。

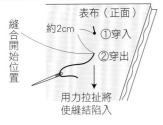

縫合開始位置

表布（正面）

約2cm

①穿入

②穿出

用力拉扯將使縫結陷入

刺繡結束

刺繡結束時在相同地方縫2針防止脫落，
於分離的地方將線拉出並剪斷。

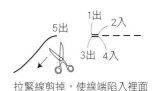

5出

1出

2入

3出

4入

拉緊線剪掉，使線端陷入裡面

從橫面圖來看

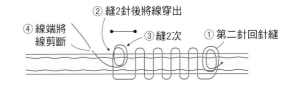

② 縫2針後將線穿出

④ 線端將線剪斷

③ 縫2次

① 第二針回針縫

頂針的使用方法

兩手的中指套上金屬製的頂針，靠著頂針進行縫合。
針尖端也以頂針承接。

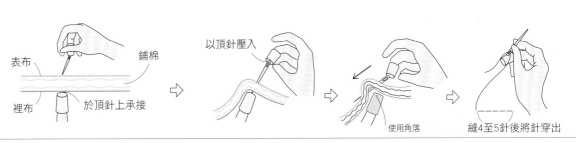

表布

鋪棉

裡布

於頂針上承接

以頂針壓入

使用角落

縫4至5針後將針穿出

使用繡框的壓線方法

使用繡框壓線時布要放鬆，不拿著繡框進行壓線。不習慣此方式時，可以將繡框靠著桌子等邊緣壓住後進行壓線。

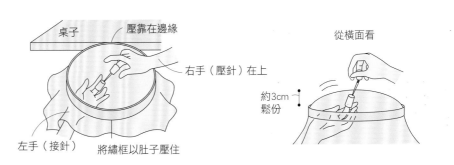

桌子

壓靠在邊緣

右手（壓針）在上

左手（接針）

將繡框以肚子壓住

從橫面看

約3cm鬆份

滾邊

壓線後主體的邊端以斜布條包捲處理，此方式稱為「滾邊」。
以布料製成斜布條，縫合連接為需要的長度。

摺疊斜布條的邊端，縫合至記號處。

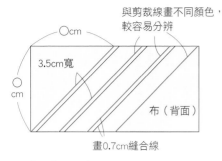

與剪裁線畫不同顏色，
較容易分辨

3.5cm寬

○cm

cm

布（背面）

畫0.7cm縫合線

※○cm為同尺寸

縫合0.7cm

（背面）　（正面）

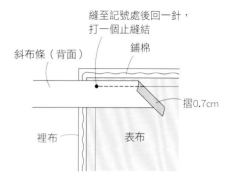

縫至記號處後回一針，
打一個止縫結

斜布條（背面）　鋪棉

摺0.7cm

裡布　表布

記號處往上摺。

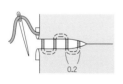

縫至記號處

（背面）

往上摺

表布

對齊邊端摺疊，從摺山處開始縫合。
最後重疊1.5cm。

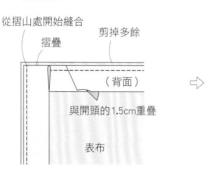

從摺山處開始縫合

摺疊　剪掉多餘

（背面）

與開頭的1.5cm重疊

表布

將斜布條返回正面，角落處摺疊整齊。
整理0.8cm向裡布側後進行藏針縫。

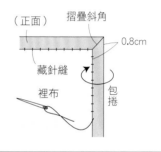

（正面）　摺疊斜角

0.8cm

藏針縫

裡布　包捲

手縫

藏針縫

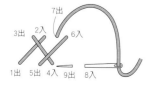

0.2

捲針縫

0.1～0.2cm

星止縫

3出　1出　2入

0.1

千鳥縫

7出

3出　2入　6入

1出　5出　4入　9入　8入

刺繡

※指定以外請使用25號繡線

輪廓繡

3
2
1

毛邊繡

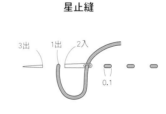

5　3
1
4　2

羽毛繡

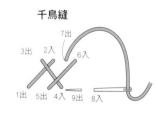

直線繡

1　2
3　4
5

人字繡

7出

3出　2入　6入

1出　5出　4入　9出　8入

法式結粒繡

雛菊繡

緞面繡

十字繡

Happy & Lovely！
松山敦子の甜蜜復刻拼布
38款幸福感手作包‧波奇包‧壁飾‧布花圈‧胸花手作典藏

作　　者／松山敦子
譯　　者／駱美湘
發 行 人／詹慶和
總 編 輯／蔡麗玲
執行編輯／黃璟安
編　　輯／蔡毓玲‧劉蕙寧‧陳姿伶‧陳昕儀
封面設計／周盈汝
美術設計／陳麗娜‧韓欣恬
內頁排版／造極
出 版 者／雅書堂文化事業有限公司
發 行 者／雅書堂文化事業有限公司
郵政劃撥帳號／18225950
戶　　名／雅書堂文化事業有限公司
地　　址／新北市板橋區板新路206號3樓
電　　話／(02)8952-4078
傳　　真／(02)8952-4084
網　　址／www.elegantbooks.com.tw
電子信箱／elegant.books@msa.hinet.net

2019年8月初版一刷　定價450元

Lady Boutique Series No.4637
HAPPY & LOVELY QUILT
ⓒ2018 Boutique-sha, Inc.
All rights reserved.
Original Japanese edition published in Japan by BOUTIQUE-SHA.
Chinese (in complex character) translation rights arranged with BOUTIQUE-SHA
through Keio Cultural Enterprise Co., Ltd., New Taipei City, Taiwan.

經銷／易可數位行銷股份有限公司
地址／新北市新店區寶橋路235巷6弄3號5樓
電話／(02)8911-0825
傳真／(02)8911-0801

★攝影協力
AWABEES
UTUWA
サンセイ

★協力製作
伊藤いし‧加藤洋子‧菊地育代‧
木野祥子‧木村鞆子‧小出雅代‧
玉井加代美‧中美枝子‧山崎街子‧
吉田和惠‧吉田吉美‧淀川慶子

★原書製作團隊
編輯／寺島綾子‧三城洋子
作法校閱／安彥友美
攝影／小倉亞沙子
書籍設計／梅宮真紀子
插圖‧紙型繪製／白井麻衣

國家圖書館出版品預行編目(CIP)資料

Happy & Lovely! 松山敦子の甜蜜復刻拼布：38 款幸福感手作
包.波奇包.壁飾.布花圈.胸花手作典藏 / 松山敦子著；駱美湘
譯.-- 初版.-- 新北市：雅書堂文化, 2019.08
　　面；　公分.--（拼布美學；42）
ISBN 978-986-302-503-0(平裝)

1.拼布藝術 2.手工藝

426.7　　　　　　　　　　　　　　　　108010967

Happy & Lovely

Happy & Lovely